力量与平衡的艺术：力学

[俄] 雅科夫·伊西达洛维奇·别莱利曼　著

符其珣　译

中国青年出版社

图书在版编目（CIP）数据

力量与平衡的艺术：力学 /（俄罗斯）雅科夫·伊
西达洛维奇·别莱利曼著；符其珣译. — 北京：中国
青年出版社，2025.1. — ISBN 978 – 7 – 5153 – 7468 – 0

Ⅰ. O3–49

中国国家版本馆 CIP 数据核字第 2024AX3026 号

责任编辑：彭岩
出版发行：中国青年出版社
社　　址：北京市东城区东四十二条 21 号
网　　址：www.cyp.com.cn
编辑中心：010 – 57350407
营销中心：010 – 57350370
经　　销：新华书店
印　　刷：三河市君旺印务有限公司
规　　格：660mm × 970mm　1/16
印　　张：12
字　　数：153 千字
版　　次：2025 年 1 月北京第 1 版
印　　次：2025 年 1 月河北第 1 次印刷
定　　价：58.00 元

如有印装质量问题，请凭购书发票与质检部联系调换
联系电话：010 – 57350337

作者简介

雅科夫·伊西达洛维奇·别莱利曼（Я. И. Перельман，1882～1942）是一个不能用"学者"本意来诠释的学者。别莱利曼既没有过科学发现，也没有什么称号，但是他把自己的一生都献给了科学；他从来不认为自己是一个作家，但是他的作品的印刷量足以让任何一个成功的作家艳羡不已。

别莱利曼诞生于俄国格罗德诺省别洛斯托克市。他 17 岁开始在报刊上发表作品，1909 年毕业于圣彼得堡林学院，之后便全力从事教学与科学写作。1913～1916 年完成《趣味物理学》，这为他后来创作的一系列趣味科学读物奠定了基础。1919～1923 年，他创办了苏联第一份科普杂志《在大自然的工坊里》，并任主编。1925～1932 年，他担任时代出版社理事，组织出版大量趣味科普图书。1935 年，别莱利曼创办并运营列宁格勒（圣彼得堡）"趣味科学之家"博物馆，开展了广泛的少年科学活动。在苏联卫国战争期间，别莱利曼仍然坚持为苏联军人举办军事科普讲座，但这也是他几十年科普生涯的最后奉献。在德国法西斯侵略军围困列宁格勒期间，这位对世界科普事业做出非凡贡献的趣味科学大师不幸于 1942 年 3 月 16 日辞世。

别莱利曼一生写了 105 本书，大部分是趣味科学读物。他的作品中很多部已经再版几十次，被翻译成多国语言，至今依然在全球范围再版发行，深受全世界读者的喜爱。

凡是读过别莱利曼的趣味科学读物的人，无不为他作品的优美、流畅、充实和趣味化而倾倒。他将文学语言与科学语言完美结合，将生活实际与科学理论巧妙联系：把一个问题、一个原理叙述得简洁生动而又十分准确、妙趣横生——使人忘记了自己是在读书、学习，而倒像是在听什么新奇的故事。

1959 年苏联发射的无人月球探测器"月球 3 号"传回了人类历史上第一张月球背面照片，人们将照片中的一个月球环形山命名为"别莱利曼"环形山，以纪念这位卓越的科普大师。

目录

第一章 力学的基本定律

1.1 两只鸡蛋的题目

你两只手里各拿一只鸡蛋，把一只向另一只撞去（图 1）。两只蛋都是一样的坚硬，而且都是用同一部分互相碰撞。问哪一只蛋会被撞破：被撞的那一只呢，还是去撞的那一只？

这个问题是美国《科学和发明》杂志提出来的。杂志里肯定说：根据实验，被撞破的蛋多半是"运动着的蛋"，换句话说，就是去撞的那一只蛋。

对于这一点，杂志是这样解释的："鸡蛋壳的形状是曲面的，在碰撞的时候对那只不动的鸡蛋所加的压力，是作用在蛋壳外面的；而大家都知道，蛋壳像一切拱形的物体一样，很能受得住从外面来的压力。但是，作用在运动着的蛋上的力，情形就完全两样了。在这里，运动着的蛋黄和蛋白，在发生碰撞的一刹那，要从内部压向蛋壳。而拱形的物体抗受这种压力的能力是比抗受外来压力的能力低得多的，因此蛋壳就破碎了。"

这个题目引起了很多人的兴趣，某销量很大的报纸刊出本题后收到很多各种各样的答案，无奇不有。

图 1 哪一只蛋会被撞破？

　　许多人认为被撞破的应该是去撞的那只蛋；另外一些人却认为这只蛋一定会保持完整。双方面的理由看来仿佛都很正确，其实这两种说法却都是根本错误的！这里想讨论互撞的两只鸡蛋当中哪一只应该被撞破，根本是不可能的，因为在去撞的和被撞的蛋之间，并没有什么区别。我们不能说去撞的蛋是在运动的，而被撞的蛋是不动的。说它不动——是对什么来说的呢？假如是对地球来说，那么，大家知道，我们的地球本身也是在群星之间运动着，而且是做着十种不同的运动的呀！"被撞的"蛋跟"去撞的"蛋一样都有着许多运动，而且谁也不能说哪一只蛋在群星中间运动得更快一些。如果想根据动和静的特征来预言鸡蛋的命运，那就只有翻阅全部天文学著作，确定互撞的两只蛋当中每一只跟固定不动的星球的相对的运动。而且，即使这样，也还是不行，因为各个可见的星球也是在运动着的，而且它们的整体——银河系，也在跟别的星系相对地运动着。

　　看，这个鸡蛋壳的题目竟把我们引到无边无际的宇宙空间去了，而且问题还并没有接近解决。其实，不，应该说是接近了的，假如这次星空旅行帮助了我们，使我们明白了一个重要的真理：说物体运动而不指出是跟哪一个物体相对的运动，那只等于是一句废话。单独拿一个物体来说是无所谓运动的；要运动，至少要有两个物体——互相接近或互相远离。刚才那一对互撞的鸡蛋都是在相同的运动状态之下的：它们在互相接近——关于它们的运动，我们所能说的只有这些。至于碰撞的结果，却不因为我们喜欢把哪一只当做不动的、把哪一只当做在运动着的而有所不同[1]。

　　几百年前，伽利略首先提出了匀速运动和静止的相对性。这是"经典

---

① 这里提出了一个重要的思想，这个思想在下一节里再清楚交代；但是应该在这里先提一下，互撞的物体在地面上实际上并不是跟外界隔绝的。比方说，鸡蛋可以动得这么快，以至空气的压力对它的破坏力比碰撞对它的破坏力更大。再说去撞的蛋突然停止的时候，蛋里的蛋白和蛋黄会对蛋壳产生附加的力。

力学里的相对论"，读者请勿把它和"爱因斯坦的相对论"混淆，后者是在 20 世纪初才提出来的，而且实际上是前面那个相对论的进一步的发展。

1.2 木马旅行记

从上面一节可以推断，一个物体处于做匀速直线运动的状态，和物体处于静止状态而四周环境作反向的匀速直线运动，之间并没有区别。说"物体匀速运动"，和说"物体静止着，而它四周的一切匀速向相反方向运动"，等于是一回事。严格地说，这两种说法都是不应该的，而应该说成物体和四周环境在彼此相对地运动。这一点直到今天还不是所有学过力学和物理学的人都完全认识清楚的。可是，生活在几百年前的《堂吉诃德》的作者，虽然他并没有读过伽利略的著作，对这一点却已经并不陌生。这个认识渗透在塞万提斯作品的有趣的一段里，在描述光荣的骑士和他的侍从骑木马旅行的一段里，人们向堂吉诃德说：

"请骑在马背上，只要做一件事情转动一下马脖子上的机关，它就把你们从空中送到玛朗布鲁诺那里去。可是你们得把眼睛蒙上，免得飞高了头晕。"

两人蒙上眼，堂吉诃德，就去拧那机关。

旁边的人于是使骑士相信他果然在空中"比射出的箭还快"地疾驰了。

"我敢发誓，"堂吉诃德向侍从说，"我一辈子没乘过更平稳的坐骑，一切都好像在动，风在吹着。"

"是啊！"桑丘答道，"我这边的风大极了，好像一千只风箱正对着我吹呢。"

事实上就是这样，因为有几只大风箱正对着他们鼓风。

塞万提斯的木马，实际上是今天人们想出的、在展览会和公园里供游人消遣用的各种类似的游戏的原始形式。不管是木马也好，今天的一切类似的游戏也好，都是根据静止和匀速运动在机械效果上完全不可能分别的原理而来的。

1.3 常识和力学

许多人习惯把静止和运动对立来看，就像天和地、水和火一般。可是这并没有妨碍他们在火车上过夜，而丝毫用不着关心火车是停着呢，还是疾驰着。而这些人在理论上却又常常坚持地反驳着，不认为疾驰的火车可以看做静止不动，而火车底下的钢轨、大地和整个周围环境看做是在向反方向运动着。

"司机凭他的常识会不会接受这种说法呢？"爱因斯坦在论述这个观点的时候问道。"司机会反对说，他在烧热和润滑的，不是四周环境，而是机车；因此，他的工作结果，就是运动，应该是表现在机车上的。"

这个论据初看仿佛很强有力，差不多是决定性的了。但是，请试想象有一条顺着赤道铺设的铁轨，火车正向西方，跟地球旋转相反的方向疾驰着。那时候，四周环境便要向火车迎面奔来，而燃料只是用来使火车不被四周环境带向后退，或者，更正确地说是帮它稍为落在四周环境向东方的运动的后面。如果司机想使机车完全不参与地球的旋转，他就得把机车烧热和润滑到能够达到每小时 2000 千米的速度。

实际上，他是找不到这样的机车的，喷气式飞机可以达到这个速度。

在火车继续维持匀速运动的时候，实际上没有可能确定火车和四周环境究竟是谁静止谁在运动。物质世界的构造就是这样，在任何一瞬间没有可能绝对解决这样的问题：究竟存在的是匀速运动还是静止；人们只能研究一个物体跟另一个物体之间的相对的匀速运动，因为观察的人本身参与到匀速运动里去并不影响被观察的现象和它的定律。

1.4 船上的决斗

我们可以设想有这么一个情况，在这种情况里很多人实际上大概很难再去运用相对论。比方说在一艘行驶着的船的甲板上有两个射手，互相用枪瞄准着（图2）。请想一下看，他们两个人所据有的条件是不是完全相同？那个背向船头的射手会不会抱怨说，他射出的子弹要比他的敌人的子弹走得慢一些呢？

图 2　谁的子弹先射对手身上？

当然，跟海面相对地看，逆着船行方向射出的子弹是要比在静止不动的船上飞行得慢些，而向船头射去的子弹要飞得快些。但是这情况丝毫也不影响射手所据有的条件，因为向船尾射去的子弹，它的目标正在向它迎面驶来，因此，当船在匀速运动的时候，子弹所减低的速度恰好给目标迎面而来的速度补偿了；至于射向船头的子弹却要追赶目标，那个目标正在离开子弹，它的速度就跟子弹所增加的速度相等。

结果是，两颗子弹跟各自的目标相对地说，其运动与完全和在静止不动的船上是一样。

自然，这里应该提醒一句，上面说的只是在直线匀速前进的船上才适用。

这里可以引用伽利略著的最初谈到经典相对论的那本书里的一段（顺便说明，这本书几乎把它的主人带上了宗教裁判所的火堆，差点被烧死）。

"试把自己和友人关在一只大船甲板底下的大房间里。假如船是在匀速运动着，那么你们就不可能一下子判断出船是在运动着呢，还是静止着。你们在那里跳远的话，在地板上跳出的距离就和在静止不动的船上跳出的一样。你们不会因为船在高速行进而向船尾跳得远些，向船头跳得近些——虽说你向船尾跳的时候，当你腾空跳起的瞬间，你脚底下的地板正向着跟你跳的相反的方向跑去。你如果丢掷一些东西给你的同伴，你从船尾丢向船头所花的力气并不会比从船头丢向船尾所花的更大……苍蝇也会四处飞行，而不会专在靠近船尾那一边停留"等。

现在，一般用来说明经典相对论的下面一段话就容易理解了："在某一个体系里进行的运动的特性，并不因为这个体系是静止不动还是在跟地面相对地做着匀速直线运动而有所不同。"

1.5 风洞

在实际应用上，有时候根据经典相对论原理，把运动用静止代替，或者把静止用运动代替，常常很有好处。为了研究飞机或汽车行进的时候空气阻力对它们的作用，一般都是研究它的"相反"现象：研究运动着的空气流对静止的飞机的作用。在实验室里设置一个很大的管子风洞（图3），风洞里造成一股空气流，人们就研究这股空气流对悬挂着不动的飞机或汽车模型的作用。这样得到的结果在实际工作上完全适用，虽然实际现象却刚刚相反：空气不动，而飞机和汽车却以高速度在空气里通过。

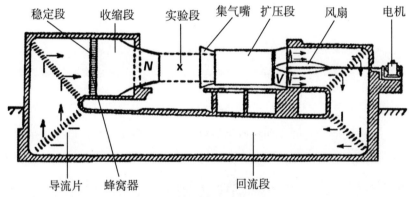

图3 风洞的纵截面。飞机或机翼的模型悬挂在有×号的工作段里，空气在风扇 V 作用下，沿箭头方向移动，通过狭颈 N 吹向实验段，以后再吹入管子里。

现在已经有尺寸极大的风洞，里面可以放置的已经不是缩小了的模型，而是实际大小的、连着螺旋桨的飞机机身或中等尺寸的整部汽车了。风洞里空气的速度已经可以达到声音的速度了。

1.6　疾驰中的火车

运用经典相对论的另一个极著成效的实例，可以取铁路上的一件事。煤水车（老式蒸汽机车车头后挂的装煤和水的车厢）有时候可以在疾驰中加水。做法很巧妙，把一个大家都知道的机械现象"反转来"，这个现象是：假如把一段下端弯曲的管子直立地放到水流里去，使弯管子的开口端迎向水流（图4），那么流来的水就会流进这个所谓"毕托管"里，并且在立管里达到比水槽面高的水平，所高出的高度 H 跟水流的速度有关。铁路工程师就把这个现象"反转"过来：他们使弯管子在静止的水里移动，于是水就能升到比水池的水平面高的地方。这里，运动由静止来代替，而静止却由运动来代替。

图4　疾驰着的火车怎样加水。在两条钢轨中间设有长长的水槽，煤水车底下的一条管子直浸在这个槽里。左上图是"毕托管"。把这个水管放到流动的水里，管子里的水平面要高过水槽里的水面。右上图是疾驰着的火车所装用的毕托管，用来给煤水车加水。

火车在通过某一些车站的时候，有时候需要不停下来而让煤水车加水，在这种车站的两条钢轨中间设有一条长长的水槽（图4）。从煤水车的底部垂下一条弯管子，弯管子的开口端面向火车的运动方向。于是，水在管子里升起以后，就能进入到疾驰着的火车的煤水车里去（图4的右上图）。

使用这个巧妙的方法，能够把水提升得多高呢？在力学里面有一个学科，叫做水力学，是专门研究液体运动的，水力学的定律告诉我们，水在毕托管里所提升的高度，应该等于用水流的速度把物体向上竖直抛掷上去所达到的高度；假如不计算在摩擦、涡流等方面所消耗的能量的话，这个高度 H 可以用下式求出：

$$H = \frac{V^2}{2g}$$

式子里 V 是水流速度，g 是重力加速度，等于9.8米/秒^2。在我们所讲的这个情形，水跟管子相对的速度等于火车的速度；取一个不大的速度36公里/小时来计算，那 $V=10$ 米/秒[①]，因此水提升的高度是：

$$H = \frac{V^2}{2 \times 9.8} = \frac{100}{2 \times 9.8} \approx 5 \text{米}[②]$$

从这里，很明显地看到，不管由于摩擦或别的没有考虑到的原因所产生的损失有多大，水的提升高度是足够用来给煤水车加满水的。

---

① 千米/小时表示每小时公里数，米/秒表示每秒钟米数，米/秒^{2}是加速度的单位，就是在匀加速运动里1秒钟改变的速度是1米/秒。

② ≈ 是大约相等的记号。

1.7 怎样理解惯性定律?

现在,在我们已经这样详细地讨论了运动的相对性之后,应该对发生运动的原因——对于力——说几句话。首先应该指出力的独立作用定律,这个定律是这样的:力对物体所起的作用,跟物体是静止的或者在惯性作用下或在别的力的作用下运动无关。

这是给经典力学奠定基础的牛顿三定律的"第二"定律的推论。三定律的第一定律是惯性定律;第三定律是作用和反作用相等的定律。

关于牛顿第二定律,本书后面要用一整章的篇幅去讨论,因此这里只简单谈几句。第二定律的意思是,速度的变化,它的度量就是加速度,是跟作用力成正比的,而且跟作用力的方向相同。这个定律可以用下式表示:

$$F=m \cdot a$$

式子里 F 是作用在物体上的力;m 是物体的质量;a 是物体的加速度。在这个式子里的三个量当中,最难懂的是质量。人们有时常把质量跟重量混淆起来,但是事实上质量跟重量完全不是同一回事。物体的质量可以根据它在同一个力的作用下所得到的加速度来比较。从上式可以看出,物体在这个力的作用下所得到的加速度越小,质量就越大。

惯性定律虽然跟没有学过物理学的人的习惯看法相反,却是牛顿三定律当中最容易懂的一条[1]。可是,有些人却往往对它完全误解。具体地说,时常有人把惯性理解成物体"在外来原因破坏它原有状态前保有它原有状

---

[1] 跟平常习惯看法相反的是,惯性定律里有一部分说,匀速直线运动的物体在运动当中不需要任何外力的作用。错误的看法是,物体既在运动,就必然受到外力的作用,外力一旦取消,这个运动就要停止。

态"的性质。这个普遍的说法把惯性定律说成原因定律了，就是说如果没有原因，就什么都不会发生（就是任何物体不会改变它的状态）。真正的惯性定律不是对于物体的一切物理状态的，而只讲到静止和运动两种状态。它的内容是：

一切物体都保持它的静止状态或直线匀速状态，直到力的作用把它从这个状态改变为止。这就是说，每一次，当物体

1. 进入运动的时候；

2. 把自己的直线运动改变成非直线运动或根本进行曲线运动的时候；

3. 使自己的运动停止、变慢或加快的时候，——我们都应该得出结论说，这个物体受到了力的作用。

但是如果物体在运动当中并没有发生上面说的三种变化的任一种，那么，即使物体运动得再快，也没有什么力在向它作用。一定要牢牢记住，凡是匀速直线运动的物体，都是不在任何力的作用之下的（或是作用在它上面的几个力互相平衡了）。现代力学的观念跟古代和中世纪（伽利略以前）思想家们的看法之间的主要区别就在这一点。这里，普通思维跟科学思维之间的出入极大。

上面所谈的同时还说明了为什么固定不动的物体的摩擦在力学上也当做力来看待，虽说摩擦仿佛不可能产生什么运动。摩擦之所以是力，是因为它阻滞运动。

这里我们再一次指出，一切物体并不是趋向于停留在静止状态，而是简单地停留在静止状态。这个区别就像一个足不出户的人跟只是偶尔在家、一有点小事情就要出门的人之间的区别一样。物体本质上根本不是"足不出户"的人，相反，它们是有高度活动性的，因为只要向一件自由物体加上即使是微不足道的力量，它就会开始运动。"物体趋向于保持静止状态"这句话之所以不恰当，还因为物体脱离了静止状态以后，自己不会再回到

静止状态上来，而且相反，却要永远保持所提供给它的运动（当然这是在不存在影响运动能力的条件下）。

同样不合适的一个经常性说法是"物体抗拒作用于它的力"。这就好比说，杯子里的茶在往里加入糖使之变甜时有阻碍作用。

大多数物理和力学课本里，不谨慎地使用了"趋向于"三个字，有关惯性的不少误解，就是从这里产生的。要想正确地理解牛顿第三定律，也还有不少困难，我们现在就来讨论这个定律。

1.8　作用和反作用

当你打算开门的时候，一定要把门上的手柄向着自己拉过来，你臂上的肌肉收缩起来，使它的两端接近：它用相同的力量把门和你的身体互相拉近。这时候，很明显地，在你的身体和门之间作用着两个力，一个作用在门上，另一个作用在你的身体上。如果门不是向你打开而是由你身前推开的话，所发生的情况自然也是一样：力把门和你的身体推开。

这里谈到的关于肌肉力量的情况，对于所有各种力，都完全相同，不管那些力的本质怎么样。每一个力都向两个相反的方向作用，打比方说，它有两个头（两个力）：一头加在我们平常所谓受力的物体上；另一个加在我们所谓施力的物体上。这几句话在力学里一般说得很简短，简短到简直不容易清楚地理解了，那就是"作用等于反作用"。

这个定律的意思是，宇宙间的力都是成对的。每一次表现出有力作用的时候，你应当设想另外一个什么地方还有另外一个跟它相等但是方向相反的力。这两个力必然是作用在两个点之间，使它们接近或离开。

现在让我们来研究作用在儿童气球下面的坠子上的三个力 P、Q 和 R（图5）。气球的牵引力 P、绳子的牵引力 Q 和坠子的重量 R 这三个力，仿佛都是单独的。但是这只是脱离实际的感觉，实际上这三个力每一个都有跟它相等而方向相反的力。具体地说，跟力 P 的作用相反的力是加在系气球的线上的，这个力就是通过这段线传递到气球上的（图6的力 P_1）；跟力 Q 的作用相反的力作用在手上（图6的力 Q_1）；跟力 R 的作用相反的力加在地球上（图6的力 R_1），因为坠子不但受到地球引力，同时也吸引着地球。

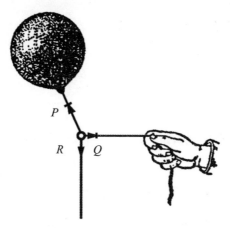

图5　作用在儿童气球下面的坠子上的力
是 P、Q、R。问反作用力在哪里？

　　还有一点值得提出。如果我们问：绳子两端各有一千克的力在向两端拉扯的时候，绳子的张力是多少，实质上就像是在问十分邮票的价值是多少。问题的答案就包含在问题本身里：绳子所受的张力是一千克。说"绳子被两个一千克的力拉扯着"，或是说"绳子受着一千克的张力"，完全是一回事。因为除掉由两个作用方向相反的力所组成的一千克的张力以外，不可能再有别的什么一千克的张力。如果忘记这一点，就时常会造成粗心的错误，下面就是几个例子。

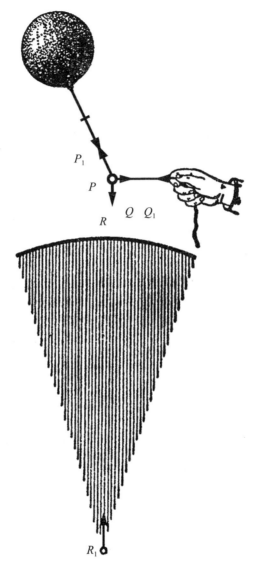

图 6　上图问题的解答：反作用力 P_1、Q_1 和 R_1。

1.9 两匹马的题目

【题】两匹马，各用 100 千克的力拖拉一具弹簧秤。秤的指针应该指多少（图 7）？

【解】许多人回答说：100+100=200 千克。这个答案错了。两匹马各用 100 千克的力来拖拉，根据我们刚才说的，张力并不是 200 千克，而只是 100 千克。

图 7　每匹马各出了 100 千克的力。问弹簧秤的读数是多少？

也正是因为这个缘故，当马德堡半球的两半边各由 8 匹马来向相反方向拖拉的时候，我们不应当认为这两个半球所受的拉力是 16 匹马的力量。假如没有相反作用的 8 匹马，那另外 8 匹马对这半球也就起不了什么作用。其实一方面的 8 匹马就用一堵非常牢固的墙壁来代替也未尝不可以。

1.10 两只游艇的题目

【题】湖里有两只相同的游艇正在向码头靠近（图 8），两只艇上的划手都利用绳子把游艇向码头拉拢。第一只游艇上绳子的一端系在码头铁柱上；第二只游艇上绳子的另一端由码头上的一位水手用力向码头上拉着。

这三个人所花的力气都一样。

【解】初看可能会觉得由两个人拉的那只游艇先靠码头，因为双倍的力量会产生比较大的速度。

但是，说这只游艇上作用着双倍的力量，对不对呢？

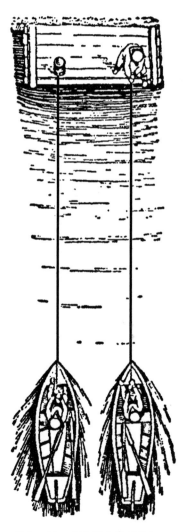

图 8 哪一只游艇先靠码头？

假如游艇上的划手和码头上的水手各自把绳子向着自己拉紧，那么绳子的张力实际上只等于他们当中一个人的力量，换句话说，这个张力实际上跟第一只游艇上的情形一样。两只游艇是在用相同的力量向码头上拉着，因此一定是同时靠岸的①。

1.11　步行的人和机车之谜

常有这种事情——在实际生活上很常见——就是作用力跟反作用力加在同一个物体的不同地方上。肌肉的张力或机车汽缸里的蒸汽压力就是这种所谓"内力"的例子。这种"内力"的特点是，它能在物体各部分相互连接的限制下，改变各部分的相互位置，但是无论如何不能使物体的所有部分得到一个共同的运动。步枪射击的时候，火药产生的气体作用在一个方向上把子弹推向前方，但是同时这个气体的压力向另一个方向作用，又使步枪后坐。火药气体的压力这样一个内力，不可能使子弹和步枪同时向前运动。

可是，既然内力不可能使整个物体移动，那么步行的人又是怎样行动的呢？机车又是怎样行驶的呢？说步行的人是在脚和地面摩擦作用下行进，机车是在车轮和钢轨摩擦作用下前进，这并没解答了这个谜。当然，要使

① 对于这样的解法，曾经有一位读者表示不同意，他所说出的意见，可能还会在别的读者阅读本书的时候发生。他说："要想使游艇靠岸，人一定要收绳子，那么，在同一时间里面，两个人收的绳子当然多些，因此右面的那只游艇会早靠岸。"

这个简单的论证，初看似乎是无可置辩的了，事实上却是错误的。为了使游艇得到双倍的速度（否则游艇靠岸就不会快一倍），两个拉绳子的人每人要用更大的力气来拉这只游艇。只有在这种条件下，他们才有可能把绳子收的比一个人拉的多一倍。（否则他们从哪儿取得这个多出来的一段绳子呢？）但是，根据条件，已经说好："三个人所花的力气都一样。"既然绳子的张力相同，不管两个人多么努力，他们收的绳子决不会比那一个人收的多。

步行的人和机车行动，摩擦是完全缺少不了的：大家知道，在很滑的冰上不可能走路（有一句流行的俗话说："像牛在冰上一样"），也知道在很滑的钢轨上（例如结冰的轨道上），机车会"打滑"，就是说机车的轮子转着，而机车却还是停在老地方不动。可是，前面我们谈摩擦会阻滞已有的运动，又是怎样帮助步行的人或机车走动起来的呢？

这个谜解起来很是简单。两个内力同时作用，不可能使物体产生运动，因为这两个力只是使物体的各个部分离开或靠拢。但是，假如有某一个第三个力平衡了或减弱了两个内力当中的一个，情形又会怎样了呢？那时候就没有什么妨碍另一个内力去推动物体前进。摩擦正是这第三个力，它减弱了一个内力的作用，就这样使另一个内力能够推动物体前进。

假设你站在很滑的表面上，例如站在冰面上，想走动起来，你用力想把右脚向前移出。在你身体各部分之间开始有内力按照作用和反作用相等的定律作用，这种内力很多，但是它们归根结蒂的作用就好像两脚受到两个力的作用一样，一个力 F_1 推动右脚向前，另一个力 F_2，跟第一个力大小相等而方向相反，使左脚向后。这些力作用的结果，只是使你的两脚分开来，一只向前，一只向后，至于你的身体，或者说得更正确些是身体的重心，却仍然留在原地。假如左脚支在粗糙的表面上（例如脚底的冰上撒了一层沙），那情形就完全两样了。那时候作用在左脚的力 F_2 被作用在左脚靴底的摩擦力 F_3 所平衡（完全平衡或局部抵消），而加在右脚的力 F_1，就推动右脚向前，全身重心也就跟着向前移动（图9）。事实上我们走路的时候，把一只腿向前伸，脚就抬了起来，这就减除了这只脚和地板之间的摩擦，而同时作用在另外一只脚上的摩擦力却阻止这另外一只脚向后滑动。

图 9　是力 F_3 使走路变成可能。

对于机车，情形比较复杂一些，但是这里问题也可以归纳成这样，作用在机车主动轮的摩擦力，要跟内力的一个相平衡，因此就有可能让另一个内力推动机车前进。

1.12　怪铅笔

试取一支长铅笔，放到两手水平伸直的食指上。然后使两指互相靠近，并且使铅笔继续保持水平（图 10）。你马上就会发现，铅笔先在一只手指上滑动，然后在另外一只手指上滑动，这样轮流下去。假如取一根长棒代替铅笔，这情形就会重复许多次。

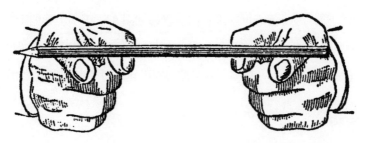

图 10　两指移近的时候，铅笔交替地向左右两个方向移动。

这个奇怪的现象要怎么来解释呢？

这里有两个定律可以帮助我们解答这个谜，一个是所谓库仑－阿蒙顿定律，一个是说摩擦力在滑动的时候要比静止的时候小的定律。库仑－阿蒙顿定律断定，摩擦力 T 在滑动开始的时候，等于某一个表示相互摩擦物体特征的数值 f 乘上物体加在支点上的压力 N。这个定律可以写成下面的数学式：

$$T=f \cdot N$$

现在让我们试用这两个定律来说明铅笔的奇怪行动。铅笔一开头压在两只手指上的力一般总是不等的，压在一只手指上的力比压在另一只上的大些，因此，第一只手指上的摩擦力也要比第二只上大些。这一点可以直接从库仑－阿蒙顿公式看到。正是这个摩擦力阻碍铅笔，不让它在压力比较大的支点上滑动。等到两只手指逐渐移近以后，铅笔的重心就逐渐和滑动的支点接近，滑动支点上的压力也就逐渐增加，增加到跟另外一个支点上的压力相等。但是滑动时候的摩擦力比静止时候的小些，因此手指的滑动还要继续一段时间。直到滑动支点上的压力增加得很多，这个支点上的滑动才停止：逐渐增长的摩擦力使它停了下来。这时候另外一只手指就变成滑动支点了。这个现象会继续重复下去，两只手指就这样轮流交替地做滑动支点。

1.13 什么叫做"克服惯性"？

还有一个问题，也常常引起人们的误会，让我们把它研究一下，算做本章的结束。我们时常读到和听到，为了使静止的物体开始运动，首先要"克服"这个物体的"惯性"。不过我们知道，一个自由物体对于要使它运动的力的作用一点也不会抗拒。那么，这里要"克服"的究竟是什么呢？

所谓"克服惯性"，不过是表示这样一个意思，就是要使得任何一个物体得到一定的速度运动，需要一定的时间。任何力量，即使是最大的力，也不可能立刻使物体得到需要的速度，不管它的质量小到什么程度。这个意思包含在 $Ft=mv$ 这个简单的式子里，这个式子我们到下一章再谈，可能读者已经从物理课本上知道了。很明显，当 $t=0$（时间等于零）的时候，质量和速度的乘积 mv 也等于零，因此，速度一定等于零，因为质量永远不会是零的。换句话说，假如不给力 F 表现它的作用的时间，这个力就不会使物体取得任何速度和任何运动。假如物体的质量很大，那就得有比较长的时间让力量能够使物体有显著的运动。我们就会感到物体并不是马上开始运动的，仿佛它在抗拒力的作用一般。正是因为这个缘故，人们才产生了这样的错觉，以为力量在使物体运动之前，应该"克服它的惯性"，克服它的惰性。

1.14　铁路车辆

一位读者要求解答下面的问题，这个问题许多人在看了上面一节之后，或许也同样会提出来："为什么起动一辆铁路车辆比维持正在匀速前进的车辆的运动更困难？"

不但更困难，而且可以加上一句，如果加的力量不大，甚至根本不可能起动。为了维持一辆空的车皮在水平轨道上匀速前进，在润滑情况良好的条件下，只要 15 千克的力就够了。可是，同样的车辆，如果静止地停在那里，那么不花上 60 千克的力量就休想使它走动起来。

这里原因不但在于要在最初的几秒钟里加上额外的力量，使车辆能够得到所需要的速度行进（这个力量比较上不算大），而主要是因为车辆静止的时候润滑条件不一样。当车辆开始运动的时候，润滑油还没有均匀地分布到整个轴承上，因此想使车辆移动就非常困难。但是只要车轮转了第一转，润滑情况就马上大大改善，维持以后的运动也就非常容易了。

第二章　力和运动

2.1　力学公式一览表

在这本书里，我们常常要和力学公式碰头。下面，我们给学过力学但是已经忘记了这些公式的读者列出一个简单的表，帮助他们记起一些最重要的公式。这个表是按照乘法表的样子编成的，两栏交叉的一格里，可以找到这两栏头上表出的两个量相乘的积（这些公式的论证，读者可以在力学课本里找到）。

	速度v	时间t	质量m	加速度a	力F
距离S	——	——	——	$\dfrac{v^2}{2}$（匀加速运动）	功$A=\dfrac{mv^2}{2}$
速度v	$2aS$（匀加速运动）	距离S（匀速运动）	冲量Ft	——	功率$W=\dfrac{A}{t}$
时间t	距离S（匀速运动）	——	——	速度v（匀加速运动）	动量mv
质量m	冲摇量Ft	——	——	力F	——

下面用几个例子说明这个表的用法。

把匀速运动速度 v 乘时间 t，得到距离 S（公式 $S=vt$）。

把一定不变的力 F 乘距离 S，得到功 A，这个功同时也等于质量 m 和末速度v的平方的乘积的一半：

$$A=FS=\frac{mv^2}{2}\,^{①}$$

----

① 公式 $A=FS$ 只在力的作用方向和距离的方向相同的时候才适用。对于一般情况，要用比较复杂的公式 $A=FS\cos\alpha$，这里 α 表示力的方向和距离的方向之间的夹角。同样，公式 $A=\dfrac{mv^2}{2}$ 也只是当物体的初速度是 0 的最简单情形下才适用，假如初速度等于 v_0，末速度等于 v，那么造成这样的速度变化所花的功，就要用公式 $A=\dfrac{mv^2}{2}-\dfrac{mv_0^2}{2}$ 表示。

使用乘法表的时候，可以找出除法的结果；同样，从我们这个表里也可以找出，比方说下面的这些关系：

匀加速运动的速度 v 拿时间 t 除，等于加速度 a（公式 $a=\dfrac{v}{t}$）。

力 F 拿质量 m 来除，等于加速度 a；拿加速度 a 来除，等于质量 m：

$$a=\frac{F}{m} \qquad m=\frac{F}{a}$$

设在计算力学题目的时候，要计算加速度。你可以先按上表列出包含加速度的所有公式，首先是下面公式：

$$aS=\frac{v^2}{2} \quad v=at \qquad F=ma$$

从这些式子里还可以得出：

$$t^2=\frac{2S}{a} \quad 或 \quad S=\frac{at^2}{2}$$

然后可以从所列各式当中找出适合题意的公式。

假如你想列出可以用来计算力的所有式子，这个表可以提出下面一些供你选择：

$$FS=A（功）$$

$$Fv=W（功率）$$

$$Ft=mv（动量）$$

$$F=ma$$

这里请不要忽略了重量 P 也是力，因此，在列出 $F=ma$ 一式的同时，还可以列出 $P=mg$，式子里 g 代表接近地面的重力加速度。同样，在列出 $FS=A$ 一式的同时，还可以列出 $Ph=A$，把重量 P 的物体提高到高度 h 的时候就用这个公式。

表里的空格表示有关量的乘积没有意义。

2.2 步枪的后坐力

让我们来研究步枪的后坐力，当做这个表的应用的例子。枪膛里的火药气体，用它的膨胀压力把子弹推向一方，同时把枪向相反方向推动，造成大家都知道的"后坐"现象。那么，枪在后坐力的作用下向后运动的速度有多大呢？让我们把作用和反作用相等的定律找出来。根据这个定律，火药气体加在枪上的压力（图 11）应该等于火药气体加在子弹上的压力，而且两个力的作用时间相同。从表里可以看到，力 F 和时间 t 的乘积等于动量 mv，就是等于质量 m 和它的速度 v 的乘积：

$$Ft=mv$$

这是物体由静止状态开始运动的情形下动量定律的数学式。这个定律的比较一般的形式是：物体在一定时间里面的动量的改变，等于在这同一时间里面加在这个物体上的力的冲量：

$$mv-mv_0=Ft$$

式子里 v_0 是初速度，F 是一定不变的力。

火药气体的压力

图 11 步枪射击的时候为什么会后坐？

由于 Ft 的值对于子弹和枪都相同，它们的动量也应该相同。如果用 m 代表子弹的质量，v 代表子弹的速度，M 代表枪的质量，V 代表枪的速度，那根据刚才所说的：

$$mv=MV$$

从而

$$\frac{V}{v}=\frac{m}{M}$$

现在我们把各项的数值代入这个比例式。军用步枪子弹的质量是 9.6 克，它的射出速度是 880 米 / 秒；步枪的质量是 4500 克。这样就得到：

$$\frac{V}{880}=\frac{9.6}{4500}$$

因此，步枪的速度 V=1.9 米 / 秒。不难算出，步枪后坐时候的"活力"大约是子弹的 $\frac{1}{470}$，这就是说，步枪后坐时候的破坏能只等于子弹的 $\frac{1}{470}$，虽说——我们应该注意这一点！——两个物体的动量都是相同的。这个后坐力对于不会射击的射手也会产生强烈的冲撞，甚至把人撞伤。

速射野战炮重 2000 千克，可以用 600 米 / 秒的速度把重 6 千克的炮弹射出，这种炮的后坐速度跟步枪大致相同，也是 1.9 米 / 秒。但是由于炮的质量巨大，这个运动的能量大约比步枪大 450 倍，差不多跟步枪子弹射击时候的能量相当。旧式大炮发射的时候，整座大炮一定向后退动。现代大炮却只有炮筒向后滑退，由炮尾末端的所谓驻锄固定着的炮架却仍然固定不动。海军炮在发射的时候向后坐退（不是整座的炮），但是由于一种特别的装置，坐退以后会自动回到原来的位置。

读者大概已经注意到，在我们上面举的例子里，动量相等的物体所有的动能却并不一定相等。这一点自然没有什么奇怪的，因为从

$$mv=MV$$

一式，完全不应该得出

$$\frac{mv^2}{2} = \frac{MV^2}{2}$$

后一个等式只有在 $v = V$ 的时候才是正确的（这一点只要把第二式用第一式除就可以得到证实）。但是有些力学基础比较差的人，有时候却以为动量相等（因此也就是说冲量相等）就决定了动能相等。就曾经有过这样的事情：有些发明家误以为等量的功会有相等的冲量，就根据这一点想发明不需要花费一定能量就可以工作（取得功）的机器。这再一次证明一位发明家是多么需要很好地了解理论力学的基础啊！

2.3 日常经验和科学知识

研究力学的时候，叫人感到惊奇的是，有许多极其简单的事情，科学竟跟日常生活上的感觉有极大出入。下面是一个显著的例证。如果在一个物体上，不变地作用着同一个力，它应该有什么样的运动？"常识"告诉我们，这个物体一定是经常用相同的速度运动，就是做匀速运动。反过来，假如一个物体在匀速地运动，平常就会认为在这个物体上始终作用着相同的力。大车、机车等的运动仿佛就证明了这一点。

然而，力学的意见却完全不同。力学告诉我们说，一个一定不变的力所产生的不是匀速运动，而是加速运动，因为这个力量在原来已经积累起来的速度上不断地增加着新的速度。至于匀速运动的时候，物体根本就不在力的作用之下，要不然的话，它就不会进行匀速运动了（参看"怎样理解惯性定律？"一节）。

难道说日常生活上的观察竟错得这样厉害吗？

不，这些观察并不完全错误，但是它们只是在极有限的范围里面的一些现象。日常的观察是从有摩擦和介质阻力的情况下移动的物体得到的。

而力学定律所说的却是自由运动的物体。要使在摩擦情况下运动的物体有一定不变的速度，确实得向它加上一个一定不变的力。但是这个力不是用来使物体运动，而是用来克服对运动所起的阻力，就是给物体创造自由运动的条件的（图12）。因此，如果说一个在有摩擦的情况下进行匀速运动的物体是在一个一定不变的力的作用下，这是完全可能的。

图12　火车匀速运动的时候，机车的牵引力克服了对运动的阻力。

这里我们看到了日常生活的"力学"是错在什么地方：原来它的论断是从不够完全的材料得出来的。科学的概括却有比较宽阔的基础。科学的力学定律不只是从大车和机车的运动得出，而且也从行星和彗星的运动得出。要想做出正确的概括，一定得扩大观察的眼界，并且把事实跟偶然的情况分别开来。只有这样得到的知识才能揭露现象的深邃根源，并且有效地在实践上运用。

下面我们要来讨论一些现象，从这些现象可以清楚地看出，推动一个自由物体的力的大小跟物体所得到的加速度之间的关系，这就是前面已经讲到的牛顿第二定律所确定的关系。遗憾的是，这个重要的关系，在学校里学习力学的时候，一般都没有很好地体会。下面的例子虽然是一个幻想的情形，但是现象的本质却从这里看得更明确。

2.4　月球上的大炮

【题】炮兵用的大炮，在地球上可以使炮弹用 900 米 / 秒的速度射出。现在我们想象把这门炮移置到月球上，而一切物体在月球上的重量只等于地球上的 $\frac{1}{6}$。问这门炮在那里能够用多少速度把炮弹射出（由于月球上没有空气而造成的区别，暂时不考虑）？

【解】对于这个问题，许多人时常这样回答：既然火药的爆炸力量在地球上和月球上是相同的，而月球上这个力量是作用在 $\frac{1}{6}$ 重的炮弹上的，那炮弹得到的速度自然要比地球上的大，应该是地球上的 6 倍：$900 \times 6 = 5400$ 米 / 秒。就是说，炮弹在月球上要用 5.4 千米 / 秒的速度射出。

这种看来仿佛正确的答案，其实却完全错了。

在力、加速度和重量之间，根本不存在上面这个论断所根据的那种关系。表明牛顿第二定律的力学公式，跟力和加速度有关的不是重量，而是质量：$F=ma$。而炮弹的质量在月球上一点也没有改变：它在月球上仍然和在地球上一样；因此，火药爆炸力量所产生的加速度，在月球上应该跟在地球上相同；既然加速度和距离都相同，速度自然也相同了（这一点可以从 $v=\sqrt{2aS}$ 一式看出，式子里 S 表示炮弹在炮膛里的运动距离）。

这样看来，大炮在月球上射出炮弹的初速度完全和在地球上一样。至于说在月球上这颗炮弹能够射到多远或多高，那是另外一个问题了。在这个问题上，月球上重力的减少起着重大的作用。

举例来说，在月球上用 900 米 / 秒速度竖直向上射出的炮弹，达到的高度可以从下式求出：

$$aS=\frac{v^2}{2}$$

这个式子是我们从前面的表里（见第 25 页）找出来的。由于月球上的重力加速度比地球上小，只有地球上的 $\frac{1}{6}$，就是 $a=\frac{g}{6}$，上式可以写成：

$$\frac{gS}{6}=\frac{v^2}{2}$$

从而炮弹上升距离是如果是

$$S=6\times\frac{v^2}{2g}$$

如果是在地球上（在没有大气的条件下）：

$$S=\frac{v^2}{2g}$$

可见得月球上大炮射出炮弹的高度应该是地球上的 6 倍（这里空气的阻力没有计算在内），虽说在这两个情况炮弹的初速度是一样的。

2.5 海底的射击

【题】海洋里最深的地方之一是菲律宾群岛棉兰老岛附近。深度大约有 11000 米。

假设在这个深渊底部有一支上好了子弹的气枪，它的枪膛里有压缩的空气。问，如果扳动枪机，子弹会不会从这支气枪射出？假定它的子弹的射出速度和七星手枪一样，就是 270 米 / 秒。

【解】子弹在"射出"的一瞬间，受到两个相反压力的作用：水的压力和压缩空气的压力。假如水的压力比空气的压力大，子弹就射不出去，否则就能射出。因此，应该把两个压力算出来比较一下。作用在子弹上的水的压力可以这样算出：每 10 米水柱的压力相当于一个大气压，就是每平方厘米 1 千克的压力。因此，11000 米水柱产生的压力是每平方厘米 1100

千克。

假设这支气枪的口径（枪膛直径）跟一般的七星手枪相同，就是 0.7 厘米，那么它的截面积是：

$$\frac{1}{4} \times 3.14 \times 0.7^2 = 0.38 \text{平方厘米}$$

在这个面积上作用的水的压力等于：

$$1100 \times 0.38 = 418 \text{千克}$$

现在来算一下压缩空气的压力。这就首先要假定子弹在枪膛里的运动是匀加速运动，并且求出它在枪膛里的平均加速度（在一般情况下的）。实际上这个运动自然不会是匀加速的，这里这样假设只是为了使演算简化。

从第 25 页的表里可以找到下式：

$$v^2 = 2aS$$

式子里 v 是子弹在枪口的速度；a 是所要求的加速度；S 是子弹在压缩空气作用下所走过的距离，就是枪膛的长度，假定是 22 厘米。把 v =270 米 / 秒 =27，000 厘米 / 秒和 S=22 厘米代入式子里，得：

$$27,000^2 = 2a \times 22$$

从而 $\qquad a=16,500,000 \text{厘米/秒}^2$

这个加速度很大，但是我们用不着惊奇，因为在一般情况下，子弹是用很少的时间跑完枪膛全程的。知道了子弹的加速度，并且假定它的质量是 7 克，就可以用 $F=ma$ 的式子求出产生这个加速度的力来：

$$F=7 \times 16，500，000=115，500，000 \text{达因}=1150 \text{牛顿}$$

一千克的力大概等于一百万达因，因此，空气作用在子弹上的压力大约是 115 千克。

这样，在发射的一瞬间，子弹受到 115 千克的力的推动，但是又受到 418 千克的水的压力的相反方向的作用。从这里可以看出，子弹非但射不出来，相反还要被水的压力更深地压进到枪膛里去。这种压力在气枪里自然是产生不出来的，但是在现代技术之下，造出能跟七星手枪"竞争"的气枪，却是可能的。

2.6 移动地球

在对力学没有充分研究的人们中间，流传着一种看法，认为小的力量不可能移动质量极大的自由物体。这又是一个"常识性"的错误。力学给我们证明了完全另外一回事：一切力量，即使是最微不足道的力量，都能使每一件物体，即使是极重的物体，产生运动，只要这是个自由物体的话。事实上，我们已经不止一次地利用了包含这个意思的公式：

$$F=ma$$

从而

$$a=\frac{F}{m}$$

后一个式子告诉我们，加速度只能在力 F 是零的时候才等于 0。因此一切力量应该能使任一自由物体运动。

但是，在我们四周的情况下，我们并不是永远可以看到这个定律的证明的。原因是存在着摩擦的，一般说就是对运动的阻力。换句话说，原因是，我们很少是跟自由物体打交道的；我们所看到的物体的运动，几乎全部不是自由的。要想在摩擦条件下使物体运动，就得加上比摩擦力大的力量。要想用手把一只橡木柜在干燥的橡木地板上推动，至少要花费柜重 $\frac{1}{3}$ 的力量，这是因为橡木跟橡木之间的摩擦力（干燥的）大约相当于物体重量的 34%。但是，假如根本没有摩擦，那就只要一个小孩子用手指轻轻一推，沉重的柜就会被推动了。

大自然里完全自由的物体，就是不受到摩擦和介质阻力的作用而运动的物体，数目不多，属于这一类物体的有一些天体：太阳、月球、行星，包括我们的地球。这是不是说，人就能够用他的肌肉力量推动地球呢？自然是这样的：你自己运动，同时也就带动了地球运动！

例如，当我们两脚从地球表面跳起的时候，我们使自己的身体得到了速度，同时也使地球向相反方向运动。可是这里马上发生一个问题：地球的这个运动，速度是多少？根据作用和反作用相等的定律，我们加在地球上的力量，等于把我们的身体向上抛起的力量。因此，这两个力的冲量也相等，既然这样，我们的身体和地球所得到的动量大小也就相等。如果用 M 代表地球的质量，用 V 代表地球得到的速度，m 代表人体的质量，v 代表人体的速度，那就可以写成：

$$MV=mv$$

从而

$$V=\frac{m}{M}v$$

由于地球的质量比人体的质量大得不知道多少，我们给地球的速度一定比人从地球跳起的速度小得不知道多少。我们说"大得不知道多少"，"小得不知道多少"，当然不是照这两句话的字面上意义来了解的。地球的质量是测量得出的[①]，因此它在某一个情况下的速度也是可以求出的。

地球的质量大约是 6×10^{27} 克，人的质量 m 假定是 60 千克，就是 6×10^{4} 克，那么 $\frac{m}{M}$ 的比值是 $\frac{1}{10^{23}}$。这就是说，地球的速度只等于人跳起的速度的 $\frac{1}{10^{23}}$。假设这人跳的高度 $h=1$ 米，那么他的初速度可以从下式求出：

$$v=\sqrt{2gh}$$

就是

$$v=\sqrt{2\times981\times100}\approx440\text{厘米/秒}$$

而地球的速度是：

---

① 关于这一点，参看本书著者的《趣味天文学》里"怎样称量地球？"一节。

$$V=\frac{440}{10^{23}}=\frac{4.4}{10^{21}} \text{厘米/秒}$$

这个数目之小，简直没法想象，但是它究竟不是 0。如果想要得到关于这个量的哪怕是间接的概念，让我们假设地球得到这个速度以后，一直保持着这个速度到极长的一段时间，例如保持十万万年（根据一些资料可以推测，地球的寿命至少不比这个数目小）。在这段时间里地球会移动多少距离呢？这个距离可以用下式算出：

$$S=vt$$

取
$$t=10^9 \times 365 \times 24 \times 60 \times 60 \approx 31 \times 10^{15} \text{秒}$$

得到：

$$S=\frac{4.4}{10^{21}} \times 31 \times 10^{15}=\frac{14}{10^5} \text{厘米}$$

把这个距离用微米（千分之一毫米）来表示，得到：

$$S=\frac{14}{10} \text{微米}$$

结果是，我们求出来的速度竟是这么小，假如地球用这个速度在十万万年里面匀速地运动，地球所移动的距离也还不到六分之一微米，这个距离仍是肉眼所不能辨别的。

实际上，地球由于人脚碰撞所得到的速度，并没有保存下来。人的两脚刚一离开地球，他的运动就在地球引力的作用下开始减低。而假如地球用 60 千克的力吸引人体，人体也就用同样的力吸引地球，因此，随着人体速度的减低，地球所得到的速度也就随着减低，这两个速度同时变到 0。

这样看来，人能够在很短的时间里给地球一个速度，尽管这个速度非常之小；但是人不能够引起地球的移动。人是可以用自己肌肉的力量使地球移动的，但是要有一个条件，就是找到一个跟地球没有联系的支点，就像图 13 的幻想的图画那样。但是，无论这位艺术家的想象力多么丰富，他

图 13　人可以使地球移动，只要找到一个跟地球没有联系的支点。

当然还不能说明，那人的两脚究竟是依附在什么地方的。

2.7　错误的发明道路

　　发明家要想在技术上发明些什么，假如他不想陷在徒劳无功的空想里面，就应当经常使自己的思想受到力学的严密定律的指导。不应该认为，发明思想所不能违背的唯一共同的原则只是能量守恒定律。实际上还有另外一个原理，如果忽视的话，也常会使发明家走进牛角尖，使他徒劳无功地消耗自己的精力。这就是重心运动定律。

　　这个定律断定，物体（或物体系统）重心的运动，不可能只在内力的作用下改变。假如飞驰着的炮弹爆炸了，那么，在爆开的破片到达地面之前，它们的重心仍然要沿着炮弹重心所移动的那条道路移动（假如不计算空气的阻力的话）。有一个特别的情形就是，假如物体的重心最初是在静止状态的（就是说物体本来是静止不动的），那么任何内力都不可能使它的重心移动。

上一节我们谈到，人在地球上不可能用自己的肌肉力量使地球移动，这也可以援用重心运动定律来解释。

人作用在地球上的力和地球作用在人体上的力，都是内力，因此，它们不能够引起地球和人体的共同重心的移动。当人回到他在地球表面的原来位置的时候，地球也回到了它的原来的位置。

下面是一个有教育意义的例子——一种完全新型的飞行器的设计，这个例子说明如果忽视前面说的那个定律，会使发明家走入什么样的迷途。"请设想，"发明家说，"有一支闭合的管子（图 14），它由两部分组成：水平的直线部分 AB 和它上面的弧线部分 ACB。管子里盛有一种液体，不停地向一个方向流动（由装在管子里的螺旋桨推动）。液体在管子的弧线部分 ACB 里流动的时候，会产生离心力，压向管子的外壁。于是就产生一定的力量 P（图 15），这个力量的方向向上，它不受到别的什么向相反方向作用的力，因为液体在直线管子 AB 里的流动并没有产生离心力。"发明家从这里做出结论：在水流速度足够大的时候，力量 P 应当把整个装置牵引向上腾起。

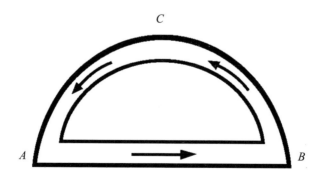

图 14 新型飞行器的设计。

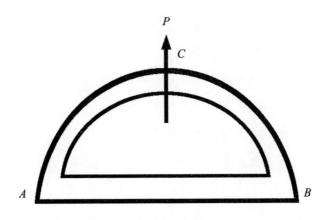

图 15　力量 P 应当把整个装置牵引向上腾起。

　　发明家的这个想法对吗？甚至不必深入研究这个装置，就可以预先肯定它不会动。实际上，由于这里的作用力都属于内力，它们是不可能使整个系统（就是管子连同所盛液体和使液体流动的机械）的重心移动的。因此，这部机器就不可能得到一般的前进运动。发明家的论证里有某种错误，某种重大的疏忽。

　　他的错误究竟在哪里，也不难指出。设计的人没有注意到，离心力不但应该发生在液体流动路径的弧线部分 ACB，而且还产生在水流转弯地方的 A、B 两点（图 16）。这儿曲线的路径虽然并不长，但是转弯却转得很陡急（曲率半径很小）。而我们知道，转弯越急（曲率半径越小），离心效应也越大。因此，在转弯的地方应该还有两个力量 Q 和 R 向外作用；这两个力的合力向下作用，把力量 P 平衡了。发明家却把这两个力遗漏了。其实，即使没有注意这两个力，假如他已经知道重心运动定律的话，也会明白自己的设计是不中用的。

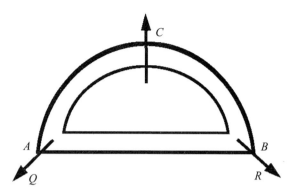

图 16　为什么这装置飞不起来？

意大利的达·芬奇在四百年前的一句话说得很对，他说：力学的定律"抑制了工程师和发明家，使他们不把不可能的东西允诺自己或别人"。

2.8　飞行火箭的重心在哪里？

人们可能以为，动力强劲的喷气发动机——破坏了重心运动定律。星际航行家想使火箭飞到月球——只在内力的作用下飞到月球。但是，很明显的，火箭会把它的重心也一起带到月球上去。在这种情况下，我们的定律该怎么说呢？火箭的重心在飞出之前是在地球上的，而如今它却跑到月球上了。对于重心运动定律的破坏，没有比这再明显的了！

有什么能驳倒这种论证呢？有的，这就是，上面的论证是产生在误会的基础上的。假如火箭喷出的气体不碰到地面，那就很明显，火箭根本不会把自己的重心和自己一起带到月球上去。飞到月球上去的只是火箭的一部分：其余部分——燃烧的产物——却向相反方向运动，因此整个系统的惯性中心 ① 仍然停留在火箭起飞以前的老地方。

---

① 假如所讲到的是由几个物体或许多粒子组成的系统，力学上一般不说它的重心，而说系统的惯性中心。如果整个系统跟地球相比很小，可以认为惯性中心跟重心相合。

现在，让我们注意一个事实，就是喷出的气体并不是毫无阻碍地运动，而是冲击到地球上的。这样一来，就把整个地球包括到火箭系统里了，因此应该谈地球－火箭这个巨大系统的惯性中心是不是留在原来地方的问题。由于气流对地球（或者地球上的大气）的冲击，地球略略有了移动，它的惯性中心跟火箭运动相反的方向移动了一些。但是地球的质量比火箭质量大得太多了，所以最微小的、实际上捉摸不到的地球的移动，已经足够把地球－火箭系统重心由于火箭向月球飞行所产生的移动抵消了。地球的移动比火箭到月球的距离少得多，地球质量是火箭质量的多少倍，地球移动就是火箭到月球的距离的多少分之一（相差几百万亿倍！）。

这里我们看到，即使在这种特别的情况下，惯性中心运动定律也并没有失掉它的意义。

第三章 重 力

3.1 悬锤和摆证明了什么？

悬锤和摆，无疑是科学上采用的各种仪器当中最简单的一种（至少在思想上是这样）。最使人惊奇的是，利用这么简单的工具，竟能得到简直神话般的结果：在它们的帮助之下，人们的思想能够深入到地球的核心，能知道我们脚底下几十千米地方的情况。我们非常珍视科学的这个功绩，如果我们想起世界上最深的钻井不超过几千米，就是远不及在地面上的悬锤和摆所探测的深度。

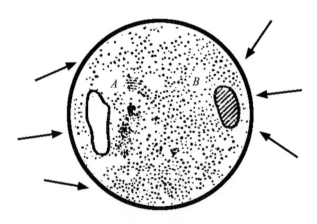

图 17　地层里的空隙 A 和密层 B，都能使悬锤偏斜。

悬锤这种用途的力学原理并不难理解。假如地球完全是均匀的，悬锤在任何一个地点上的方向就可以用计算方法算出来。但是地球表面或深处的质量分布并不均匀，这就改变了这个理论上 AB 的方向（图 17）。例如，在高山附近，悬锤会稍稍向山的一面偏斜，山离得越近，山的质量越大，悬锤偏斜得也越厉害（图 18）。相反地，地层里的空隙会对悬锤起一种仿佛排斥的作用：悬锤会被四周质量吸引到相反的方向去（这时候排斥力的大小，等于这个空隙被填满的时候这些填充物的质量所应该产生的引力）。悬锤还不只是被空隙所排斥，只要蕴藏物质的密度比地球基本地层的密度小，悬锤也会受到排斥，只是排斥力比较小些。这样我们看到，悬锤可以用来做工具，帮助我们判断地球内部的构造。

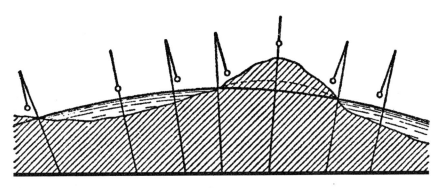

图 18 地面高低和悬锤方向的变化。

在这方面，摆有更大的功用。这个仪器有下面的性能：如果摆动的幅度不超过几度，它每一次摆动的时间——周期——几乎跟摆幅的大小无关；无论大摆动或小摆动，摆的周期都相同。摆的周期是跟另外一些因素有关的：摆的长度和地球的这个位置上的重力加速度。小摆动的时候，每一次全摆动（摆过来又摆过去）所需的时间也就是周期 T，跟摆长 l 和重力加速度 g 之间的关系就像下式：

$$T=2\pi\sqrt{\frac{l}{g}}$$

这里，假如摆长 l 用米计算，重力加速度 g 就应该取米/秒^{2}单位。

研究地层构造的时候，如果使用"秒摆"，就是每秒摆动一次（向一个方向摆动一次，一来一去算两次）的摆，那就应该有下面这个关系：

$$\pi \sqrt{\frac{l}{g}} = 1$$

所以

$$l = \frac{g}{\pi^2}$$

显然，重力的一切变动都要影响到这种摆的长度：一定要把它的长度增加或缩短，才能准确地一秒钟摆动一次。小到原来重力的万分之一的重力变化，也可以用这种方法探得。

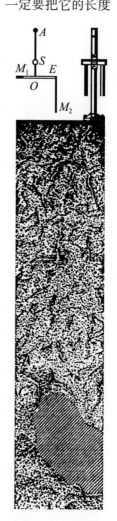

我不打算描述使用悬锤和摆来进行这类研究的技术（这个技术比我们所能想象的复杂得多）。这里我只打算指出几个最有趣的结果。

初看仿佛悬锤在海岸边应该偏向大陆，像和它偏向山脉的情况一样。但是实验没有证实这种想法。实验证明，海洋和海岛上的重力作用要比海岸边的大，而海岸边又比离海岸远的陆地上大。这说明什么呢？很显然，这说明组成大陆底下的地层的物质比海洋下的轻。地质学家就是根据这些物理事实给我们的珍贵的指示，来推测组成我们这个行星外壳的岩石的。

这一种研究方法，在查明所谓"地磁异常区"的原因的时候，起了不可代替的作用。

物理学在许多离它仿佛很远的别的学科里的实际应用有许多例子，这就是这些例子当中的两个。

目前科学上有了另一种精确记录重力异常的方法。我们地球不是准确的球形，构造上也不是绝对均匀，这些都影响到人造地球卫星的运动。人造地球卫星在山脉上空或地质密度很大的地方上空飞行的时候，从

图 19　右上是可变引力。左上是仪器构造的示意图。

理论上说，它应该在这些地方比较大的质量的吸引下略为下降，运动速度却应有所增加。固然这个效应实际上只能是当卫星在地面以上相当高的高空飞行的时候才能记录得到，那里的大气阻力才不致影响卫星的正常运动。

3.2　在水里的摆

【题】试设想挂钟的钟摆在水里摆动，它的摆锤是"流线"形的，可以使水对摆锤的阻力几乎减低到零。问摆的摆动周期比在水外的时候长些还是短些？简单地说，摆在水里摆得比在空气里快些还是慢些？

【解】摆既然在阻力极小的介质里摆动，仿佛没有什么会显著地改变它的摆动速度的。可是实验告诉我们，在这种条件下，摆的摆动要比介质阻力所能解释的还要慢。

这个初看像谜一般的现象，是这样解释的：水对浸在水里的物体有排挤作用，这个作用仿佛减少了摆的重量，却没有变动它的质量。因此，摆在水里的情况就跟我们假定把摆放到重力加速度比较弱的另外一个行星上的情况完全相同。从前面所举的公式，$T = 2\pi\sqrt{\dfrac{l}{g}}$，可知重力加速度减低的时候，摆动周期 T 应该增长，就是摆要摆动得慢些。

3.3　在斜面上

【题】斜面上放着一只装水的容器（图 20）。容器不动的时候，水面 AB 当然是水平的。但是如果使容器在润滑得极好的斜面 CD 上滑下去，问容器里的水面在滑动的时候是不是仍然保持水平？

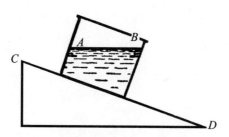

图 20　盛水的容器沿斜面滑动，问水面会变成什么样?

【解】实验告诉我们，在沿着斜面没有摩擦地运动的容器里，水面跟斜面平行。下面说明它的原因。

每个质点的重量 P（图 21）可以分解成两个分力 Q 和 R。

R 使水和容器沿斜面 CD 移动，这时候水的质点对容器壁所加的压力和静止的时候相同（因为容器和水的运动速度相同）。至于分力 Q，却使水的质点压向容器的底。各个 Q 力对水的作用，就和重力对一切静止液体的质点的作用相同，因此水面跟 Q 力垂直，就是跟斜面长度平行。

那么，水箱（比方说，由于摩擦作用）在斜面上用匀速度滑下去，它的水面会变成什么样呢?

不难看到，水面在这种水箱里就不是倾斜的，而是水平的。这单从下面这一点就已经可以看出：匀速运动不可能在机械现象方面产生任何跟静止状态不同的变化（经典相对论）。

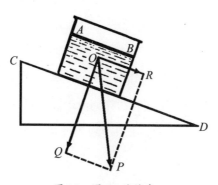

图 21　图 20 的答案。

那么，用上面的解释也可以解释得通吗？当然解释得通。因为当容器在斜面上匀速运动的时候，容器壁的质点并没有什么加速度；至于容器里水的质点，在 R 力的作用下，就要用 R 力压向容器的前壁。因此，水的每个质点是在两个压力 R 和 Q 的作用之下，这两个压力的合力正就是质点的重量 P，沿竖直方向作用。这就是水面在这个情况下所以是水平的道理。只在运动刚开始的时候，当容器在达到不变的速度以前还在加速地运动的时候[①]，水面在短时间内是倾斜的。

3.4　什么时候"水平"线不平？

在没有摩擦地下滑的容器里面的假如不是水，而是人，手里拿着一具木匠用的水平器，他会看到一个奇怪的现象。他的身体和在静止的时候贴向水平的容器底一样地贴向倾斜的容器底（只是力量小些）。因此，对于这个人来说，容器底的倾斜面仿佛是水平的一样。而在运动开始以前他原来认为是水平的方向，在他现在看来却已经成了倾斜的。在他的面前会是一幅极不寻常的图画：房屋、树木都是歪斜的，池塘的水面倾斜地向远处展开，所有的景物也都是歪斜的。假如这位受惊的"旅客"不肯相信自己的眼睛，把水平器放到容器底上，这具仪器也告诉他说，容器底是水平的。一句话，对于这个人来说，他的"水平"方向跟一般说的水平不一样。

应当指出，总的说来，无论什么时候，只要我们不意识到我们的身体跟竖直状态有了偏斜，我们就会认为周围的物体都是倾斜的。飞行员在驾驶飞机转弯的时候，或是人骑在旋转木马上的时候，都觉得整个环境仿佛都是倾斜的。

---

① 应该记住，物体不能一下子就达到匀速运动：它从静止转到匀速运动的时候，不能不经过一段加速运动的过程，虽说这个过程时间极短。

一片完全水平的地板，有时候甚至当你不是在倾斜的道路上运动，而是在严格水平的道路上前进，在你看来也会仿佛失掉它的水平状态。比如说，当火车进站或从车站开出的时候就有这种情形———一般说，凡是车辆做减速或加速运动的时候，都会有这种情形发生。

当火车开始逐渐减低速度的时候，可以做一个奇异的观察：我们仿佛觉得地板在火车运动方向上低了下去，当我们在火车里向火车前进的方向行走的时候，我们仿佛正在向低处走去，而当我们在火车里向火车前进的相反方向行走的时候，我们仿佛在向高处走去。至于火车从车站开出的时候，地板却仿佛向运动相反的方向倾斜。

我们可以做一个实验，来说明地板平面仿佛跟水平面有了倾斜的原因。做这个实验只要有一个盛着黏滞液体（例如甘油）的杯子就够了：火车加速进行的时候，液体的表面会显出倾斜的样子。无疑地，你们一定不止一次地有过机会在车辆溜水槽里看到过类似的现象：当火车在雨中进站的时候，车顶溜水槽里积存的雨水就流向前方，而在火车开车的时候却流向后方。水所以会这样流，是因为水面在跟火车加速度方向相反那一边升高起来的缘故。

让我们来研究一下这个有趣现象的原因。这里我们不打算从一个在火车以外的静止的观察的人的观点来研究，而要从坐在火车里的人的观点来研究，坐在火车里的人亲身参与这个加速度运动，因此他和一切观察到的现象相对地来说，仿佛他自己是在静止的状态。当火车加速度运动、而我们自认是在静止状态的时候，我们对车辆后壁加到身体上的压力（或座位对身体的带动向前的作用）的感觉，仿佛是我们自己用相等的力靠到车壁（或带动我们的座位）。我们就仿佛受到两个力的作用，跟火车运动方向相反的力 R（图22），和把我们压 M 向地板的体重 P。两个力的合力 Q 就是我们在这种情况认为竖直的方向。跟这个新的竖直方向垂直的方向 MN 对我们来说就仿佛是水平的。因此原来的水平方向 OR 就仿佛变成向运动方向升起，而在相反方向却好像降低了似的（图23）。

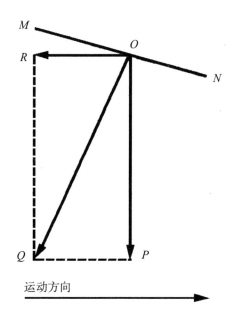

图 22　物体在起动的火车里受到哪些力的作用？

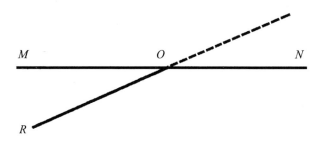

图 23　为什么火车起动的时候地板仿佛变成倾斜了？

在这种条件下，盛在碟子里的液运动方向体会发生什么事情呢？你知道新的"水平"方向并不跟液体的原来水平面一致，而是沿 MN 线的（图24 上）。这可以很清楚地从图上看到，图上箭头表示车行的方向。在开车的时候车里所发生的一切现象，假如设想车辆按照新的"水平"位置倾斜着的话（图24下），就不难弄清楚。现在，水为什么应该从碟子的后缘（或溜水槽的后端）溢出，就已经很明显了。同样，你可以懂得为什么站在车里的乘客这时候会向后仰倒（图25）。这个大家都知道的事实一般都解释为两脚被车辆地板带动了，但是人的头部和身体却还停留在静止状态。

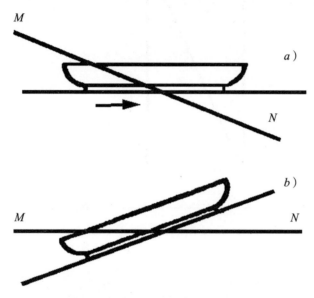

图 24　为什么在起动的火车里液体向碟子的后缘溢出？

图 25　开车的时候，车里的乘客会向后仰。

就是伽利略也支持类似的解释，这可以从下面摘录里看出：

假设一只盛水的容器在做着直线的但不是匀速的运动，一会儿是加速，一会儿又是减速的运动。这样运动的后果是这样：水并不完全跟容器的运动一致。容器速度减低的时候，水保留着已经得到的速度，就向前端流去，前端的水就高了起来。假如反过来，容器的速度增加，水却保持原来比较缓慢的运动，落后下来，后端的水就会显著升高。

这种解释，一般地说，跟上面所说的都同样是符合实际情况的。不过对科学来说，一个解释如果不只是跟实际情况相合，而且还使得我们能从量上来计算，那就更有价值。因此，这里应该对前面所说的解释，就是说脚底下的地板已经不再是水平的解释，给予更高的评价。这个解释可以使我们对这个现象从量上来考虑，而这是用一般的解释所不能做到的。举例来说，假如火车从车站开行时候的加速度是 1 米 / 秒^2，那么新旧两竖直线间的夹角 $\angle QOP$（图 22）不难从 $\triangle QOP$ 算出，三角形里 $QP:OP=1:9.8\approx0.1$（力跟加速度成正比）：

$$\tan\angle QOP=0.1 \qquad \angle QOP\approx6°$$

这就是说，悬挂在车厢里的重物，开车的时候应该做 6° 的倾倒。脚底下的地板仿佛也倾斜了 6°，因此当我们在车厢里走动的时候，我们的感觉就和在 6° 的斜坡上行走时候的感觉一样。如果用一般的解释来研究这种现象，我们就没法确定这些细节。

当然，读者一定已经发现，这两种解释的分歧只是由于观点不同而产生的：一般的解释是就车辆以外的固定不动的观察的人所看到的现象来说的，而另一个解释是就参与了加速运动的人所看到的现象来说的。

3.5 磁山

加利福尼亚有一座山，当地汽车司机都说它有磁性。原来在这座山脚下大约 60 米长的一小段路上有一个异常的现象。这段路是倾斜的。假如汽车在这个斜坡上向下行驶的时候把发动机停下，车子就会向后面退去，就是在斜坡上向高处退去，仿佛受到了山的"磁力吸引作用"一般（图 26）。

图 26　加利福尼亚的所谓磁山。

山的这个惊人的性质已经被认为是肯定的了，在公路的这一段甚至还树立了木牌，写明白这个现象。

可是，却也有这样的人，他们认为山能够吸引汽车很值得怀疑。为了进行检查，把这一段路进行了平准测量。结果却出人意料：人们一向认做是上坡的地方，竟是有 2° 斜度的下坡路，这样的坡度可以使汽车在良好公路上停下发动机滑行。

在山地上，这种视觉的欺骗相当常见，因而时常产生不少传说性的故事。

3.6　向山里流去的河

有一些旅行家谈到河流的水会顺着斜坡向上流的事，这也可以用视觉上的错觉来解释。让我把一本讲生理学的书里有关"外部感觉"的一段摘录下来：

> 我们判断某一个方向是不是水平、是不是向上倾斜或向下倾斜，在许多情况下往往会发生错误。譬如，在顺着稍稍往下倾斜的道路上行进的时候，看到不远的地方另外一条跟这条路相交的道路，我们常会把第二条路的上升坡度看成比实际陡峭。然后我们就会惊讶地发现第二条路完全不像我们所想象的那么陡峭。

这个错觉的解释是，我们把正走着的路看成是基本平面，就拿这个平面做基准来衡量别的方向的斜度。我们不自觉地把这个平面看成是水平面，因此就很自然地把别的道路的斜度看大了。

所以会发生这种现象，是因为我们的肌肉在走路的时候完全不能感觉2°~3°的坡度。更有意思的是另外一种错觉，这种情况常在地面不平的地方碰到：小河仿佛向山里流去！

下面这一段也摘录自那本书：

> 在顺着靠小河的微微倾斜的道路下坡的时候，如果小河的水面坡度比较小（图27），就是河水几乎水平地流着的话，我们常常会以为河水在顺着斜坡向上流去（图28）。这里我们也把道路看成水平的了，因为我们已经习惯把我们站立的平面当做基准，来判断别的平面的倾斜。

图 27　靠小河的微微倾斜的道路。

图 28　步行的人在路上觉得河水在向上流。

3.7　铁棒的题目

一根铁棒，在正中心钻了一个孔，孔里穿过一条很牢固的细金属丝，使铁棒能够像绕水平轴线一般地转动（图29）。问如果把棒转动，它要停在什么位置上？

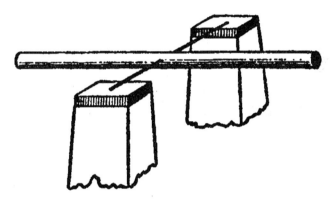

图29　铁棒在轴上是平衡的。假如把它转动，它要停在什么位置？

人们时常回答说，铁棒要停在水平位置上，"这是唯一可能维持平衡的位置"。很难使他们相信，这个支持在重心上的铁棒，能在任何位置上保持平衡。

为什么这样简单一个题目的正确答案，很多人却认为不能相信呢？因为一般人看到过的大多是在棒的中央用线挂起来的情形：这种棒的确要在水平的位置才会平衡。因此人们就急于做出了结论，认为贯穿在轴上的铁棒也只有在水平的位置上才能平衡。

但是用线挂起来的棒和贯穿在轴上的棒，条件并不相同。穿了孔支持在轴上的棒，是严格地支持在它的重心上的，因此是在所谓随遇平衡的状态。而悬挂在细线上的棒，悬挂点并不正在重心上，而是在比重心高一些的地方（图30）。这样悬挂的物体，只能在它的重心跟悬挂点在同一条竖直线上的时候，就是当棒在水平位置的时候才能静止；在倾斜的时候，重心就要离开竖直线（图30右）。正是这个常见的情况妨碍了许多人，使他们对支持在水平轴上的铁棒能够在倾斜位置上平衡这一点不能同意。

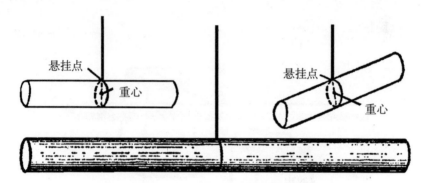

图30　为什么在中央用线挂起的棒会保持水平的位置？

第四章 落下的抛掷

4.1　七里靴 [①]

　　一种童话里面的靴子现在已经采取独特的形式变成事实了：这是一个中型的旅行皮箱，里面装着一个小型气球的气囊和一套供给氢气的装置。运动员可以在任何时候从这个小皮箱里把气囊取出，装满氢气，做成一个有 5 米直径的气球。然后，把自己吊在这个气球上，他就可以跳得很高很远（图 31）。他用不着怕飞到高空去，因为这个气球的上升力还是比人的体重小些。

　　一个运动员，如果用了这种"跳球"，可以跳得多高，计算一下也很有趣。

　　假设人的体重只比气球上升力大 1 千克。换句话说，用了这种气球的人的体重仿佛只有 1 千克，只合正常体重的 $\frac{1}{60}$。问他是不是也能跳出 60 倍高呢？

图 31　跳球

　　让我们算算看。

　　身上系着气球的人，所受到的地球引力是 1000 克或者大约 10 牛顿。跳球本身重量大约 20 千克。这就是说，是 10 牛顿的力量作用在 20+60=80 千克的质量上。这个 80 千克的质量在 10 牛顿的力量作用下，所得到的加速度 a 是：

$$a=\frac{F}{m}=\frac{10}{80}\approx 0.12 米/秒^2$$

———————————
[①] 童话里说穿了这种靴子就会日行千里。

一个人在正常条件下，就地跳高所能达到的高度不超过 1 米。它的相应的初速度v可以从$v^2=2gh$公式求得：

$$v^2=2 \times 9.8 米^2/秒^2$$

从而　　　　　　　　　　　$v \approx 4.4 米/秒$

身上系着气球的人，在跳起的时候给自己身体的速度应该比不系气球的时候小，这两个速度的比值等于人体质量跟人和球的总共质量的比值。（这一点可以从$Ft=mv$一式看出；力F和这力作用时间的长短t在两种情况下都相同；因此，动量mv也相同；可见得速度跟质量是成反比的。）所以，系着气球跳高的初速度是：

$$4.4 \times \frac{60}{80}=3.3 米/秒$$

现在，运用$v^2=2ah$公式，可以很容易求出跳的高度h来：

$$3.3^2=2 \times 12 \times h$$

从而　　　　　　　　　　　$h \approx 45 米$

所以，这位运动员做了最大的努力，如果在正常条件下可以跳 1 米高，那么身上系着气球的时候就能够跳到 45 米高。

把这种跳跃的时间计算一下也很有趣。加速度是 0.12 米/秒² 的情况下，向上跳到 45 米高所需要的时间应该是（根据$h=\frac{at^2}{2}$公式）：

$$t=\sqrt{\frac{2h}{a}}=\sqrt{\frac{9000}{12}} \approx 27 秒$$

所以跳上去再落下来，一共要花 54 秒钟。

这么缓和的跳跃自然是因为加速度很小的缘故。我们对于这种跳跃的感觉，如果不用气球，只能在重力加速度比地球上小得多（只等于地球上的$\frac{1}{60}$）的某个小行星上才能感受得到。

在方才做的计算里面（包括以下要做的一些计算），我们完全忽略了空气的阻力。在理论力学里面引出了许多公式，可以用来计算在遇到空气阻力的时候跳得最高的高度和经过的时间。在空气里跳跃，无论是跳得最高的高度，还是所花的时间，都要比在真空里的小得多。

我们不妨再做一个计算——求出跳远的最大距离。跳远的时候，运动员跳的方向应该跟水平线呈一定角度。假设他跳出的时候身体得到一个速度 v（图 32）。把这速度分成两个分速度：一个竖直分速度 v_1 和一个水平分速度 v_2。这两个分速度分别是：

$$v_1 = v \times \sin\alpha$$

$$v_2 = v \times \cos\alpha$$

人体的上升运动过了 t 秒钟以后就停止了，这时候：

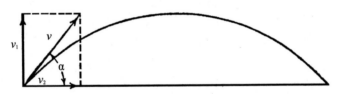

图 32　跟水平线成一个角度抛出的物体的飞行路线。

$$v_1 - at = 0 , 或 v_1 = at$$

从而　　　　　　$$t = \frac{v_1}{a}$$

可知人体上升和落下的时间是：

$$2t = \frac{2v\sin\alpha}{a}$$

分速度 v_2 呢，在人体上升和落下的全段时间里应该都是不变的，它使人体在水平方向匀速前进。在这段时间里，人体就前进了

$$S = 2v_2 t = 2v\cos\alpha \cdot \frac{v\sin\alpha}{a}$$

$$= \frac{2v^2}{a}\sin\alpha\cos\alpha = \frac{v^2\sin 2\alpha}{a}$$

这就是跳远的距离。

这个距离在 $\sin 2\alpha = 1$ 的时候达到最大值，因为正弦值不可能比 1 大。从而，$2\alpha = 90°$，$\alpha = 45°$。这就是说，在没有大气阻力的情形，运动员如果从地面上向 45° 角的方向跳出去，会跳得最远。这个最远的距离也可以求出，只要把

$$S=\frac{v^2 \sin 2\alpha}{a}$$

这个式子里的有关各项用下面的数值代进去，就是 v=3.3 米 / 秒，$\sin 2\alpha$ =1，a=0.12 米 / 秒^2。我们得到：

$$S=\frac{330^2}{12}\approx 90 米$$

这种跳 45 米高的跳高和用 45° 角跳出跳 90 米的跳远，可以使人跳过好几层楼的房子（图 33）[①]。

你也可以自己做一次小型的类似的试验，只要用一个儿童玩的氢气球，挂上一个纸制的运动员，使它的重量比气球的上升力略大一些就行了。这时候只要轻轻触动它一下，纸人就会高高跳起，然后再落下来。但是在这里，尽管跳的速度不大，空气阻力所起的作用还是比真人跳的时候大。

图 33　系着跳球跳远。

---

① 记住下面一点是有用的，就是跟竖直线成 45° 角抛出的物体，落下的地点的最大距离一般等于用同样的初速度竖直抛上所达到的高度的两倍。在我们所说的这个例子里，竖直上升的高度是 45 米。

4.2　肉弹

"肉弹"，这是很有意思的一个杂技节目。节目的内容是这样：把一个演员放在炮膛里，然后把他从炮膛里发射出去，在空中高高划出一道弧线，落到离炮 30 米远的网上（图 34）。

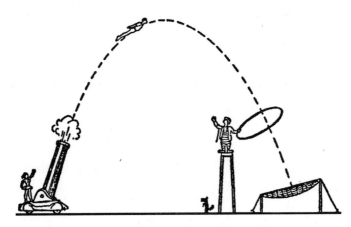

图 34　杂技节目里的"肉弹"表演。

上面说的炮和发射两个名词，应该加上引号，因为这并不是真正的炮，也不是真正的发射。表演的时候，炮口上虽然也冒出一股浓烟，但是演员并不是由于火药爆炸的力量被抛掷出去的。这股烟只是故意做来加强效果，使观众感到惊诧。事实上抛掷的动力是弹簧，弹簧把人抛掷出去的同时发出一阵加强效果的烟来，这就造成一种错觉，仿佛"肉弹"是被弹药射出来的一般。

图 35 是这个杂技节目的图解，下面是最有名的"肉弹"表演者莱涅特做这个表演的一些有关数目字：

炮筒斜度 ....70°

飞行最大高度 .... 19 米

炮膛长度 ....6 米

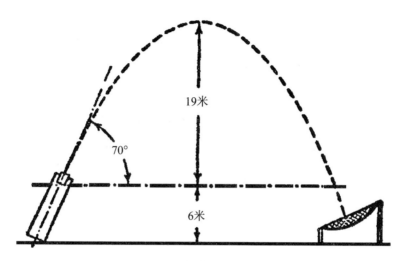

图 35 "肉弹"飞行图解。

演员在表演这个节目的时候，他的身体所感受到的特别的情况，很值得注意。在发射的一瞬间，演员的身体要受到一种压力，仿佛是增加了重量的感觉。随着，在自由飞行的时候，演员又仿佛觉得自己一点没有重量似的[①]。最后，在落到网上那一瞬间，演员又再次受到增加重量的作用。这一切，上面说到的演员都承受了下来，对健康没有损伤。这些情况值得精细地研究，因为乘坐火箭飞向宇宙空间的宇航员，也会感受到同样的感觉。

在宇宙飞船发动机使飞船达到必需速度之前的一段不长的时间内，飞行员会感觉到自己的重量在增加。在关闭发动机（进入轨道）后飞行员感

① 参看本书著者的《趣味物理学》续编和《行星际的旅行》。

到处于完全失重的状态。大家知道，著名的狗——莱卡——苏联第二颗人造地球卫星的乘客经受住了火箭开始飞行阶段的短时超重和在卫星运行轨道上几天的失重。

现在让我们回到马戏团演员身上。

在演员表演的第一个阶段，也就是说，他还在炮膛里面的阶段，使我们感兴趣的是"人造重量"的大小。这个大小，只要我们把物体在炮膛里面的加速度计算出来，就可以知道。要计算加速度就得知道物体所走过的路程，就是炮膛的长度，以及在走完这段路程的时候所产生的速度。炮膛长度已经知道是 6 米。至于速度，也可以算出，因为我们知道这就是能把一个自由物体抛到 19 米高的速度。

在前一节里我们求出了一个公式

$$t = \frac{v \sin \alpha}{a}$$

式子里 t 是上升时间，v 是初速度，α 是抛出物体的倾斜角度，a 是加速度。此外，我们已经知道上升的高度 h。

由于

$$h = \frac{gt^2}{2} = \frac{g}{2} \times \frac{v^2 \sin^2 \alpha}{g^2} = \frac{v^2 \sin^2 \alpha}{2g}$$

可以算出速度 v 来：

$$v = \frac{\sqrt{2gh}}{\sin \alpha}$$

这个式子里的各个字母所代表的数值我们已经知道，$g = 9.8$ 米 / 秒 ^{2}，$\alpha = 70°$。至于飞起的高度 h，从图 37 可知，应该是 19 米。这样，所求的速度

$$v = \frac{\sqrt{19.6 \times 19}}{0.94} \approx 20.6 米/秒$$

演员的身体就是用这样的速度离开大炮的，因此，这也就是演员飞离炮口时候的速度。根据公式 $v^2 = 2aS$，得到：

$$a=\frac{v^2}{2S}=\frac{20.6^2}{12}\approx35\text{米/秒}^2$$

我们算出了演员在炮膛里运动的加速度是 35 米 / 秒 ^{2}，大约相当于一般重力加速度的 $3\frac{1}{2}$ 倍。因此，演员在发射的一瞬间，要感到自己的体重变成了从前的 $4\frac{1}{2}$ 倍：除了原来的体重以外，还加上了 $3\frac{1}{2}$ 倍的"人造重量"[1]。

这个增加了重量的感觉要延续多少时间呢？从公式 $S=\frac{at^2}{2}=\frac{at\times t}{2}=\frac{vt}{2}$，可以得到：

$$6=\frac{20.6\times t}{2}$$

从而
$$t=\frac{12}{20.6}\approx0.6\text{秒}$$

这就是说，演员要有半秒钟以上的一段时间，会感到他不是重 70 千克，而是重达 300 千克。

现在来研究这个杂技节目的第二个阶段——研究演员在空中的自由飞行。这里使我们感兴趣的是飞行的时间——演员有多长一段时间完全没有重量的感觉？

在前一节里面我们已经知道，这种飞行的时间等于：

$$\frac{2v\sin\alpha}{a}$$

把已经知道的各值代入，可以算出所求的时间等于：

$$\frac{2\times20.6\times\sin70°}{9.8}\approx3.9\text{秒}$$

就是完全没有重量的感觉大约持续 4 秒钟左右。

对于飞行的第三个阶段，和第一个阶段一样，我们要求出"人造重量"的大小和这个情况延续的时间。假如网和炮口一样高，演员落到网上的速

---

[1] 这样说法不够精确，因为这个"人造重量"的作用方向是跟竖直成20° 角的，而正常重量的作用方向却是竖直的。不过这里的差别并不大。

度应该跟他开始飞行时候的速度一样。但是网放得比炮口略低，因此演员的速度也比较大，不过差别极小，为了不使我们的计算变得复杂，姑且把这个差别抛开不管。因此，我们假定演员是用 20.6 米 / 秒的速度到达网的。演员落到网里的时候，陷下去的深度已经量得是 1.5 米。这就是说，20.6 米 / 秒的速度在 1.5 米距离当中变成了零。假定在网中逐渐变慢的运动过程中加速度是一样的，根据公式 $v^2=2aS$ 得到：

$$20.6^2=2a \times 1.5$$

从而，加速度

$$a=\frac{20.6^2}{2 \times 1.5} \approx 141 米/秒^2$$

这里我们看到，演员在落入网里的时候，受到 141 米 / 秒^2 的加速度——大约是重力加速度的 14 倍。所以他有一段时间感到自己的体重变成了原来的 15 倍！但是这个不平常的情况一共只延续了

$$\frac{2 \times 1.5}{20.6} \approx \frac{1}{7} 秒$$

这个增加到原来的 15 倍的重量，如果不是时间极短，即使表演的演员有过锻炼，也不能毫无损伤地承受得住。因此，体重 70 千克的人这时候竟要受到整整一吨的重量！这个负荷如果持续的时间比较久，真会把人压死，至少使人不能呼吸，因为肌肉的力量不能"抬起"这么沉重的胸腔。

4.3 过危桥

儒勒·凡尔纳在他的小说《八十天环游地球》一书里，描写了一件落入窘境的事。在洛基山里有一道铁路吊桥，由于桁架已经损坏，随时都会坍掉。但是勇敢的司机却决定把旅客列车从桥上面开过去（图 36）。

图 36 儒勒·凡尔纳小说里关于吊桥的插图。

"可是这座桥就要坍了！"

"没关系，我们只要把火车开到最大速度，碰运气也许能过去。"

列车用不可相信的高速度向前疾驶。活塞每秒钟进退 20 次。车轴在冒着浓烟。列车仿佛就没碰到铁轨。重量已经被速度所消灭了……桥开过了。列车越过它的身上从一岸跳到另一岸。但是，它刚刚一过河，桥就轰隆一声坍落到水里去了。

这段故事可靠不可靠呢？"重量"可以"被速度所消灭"吗？我们都知道，铁路路基当火车疾驰的时候受到的负荷比缓行的时候大；在路基比较差的地段一般都规定要开慢车。但是，这里却恰恰是利用疾驰解决了困难，这可能吗？

原来小说里描写的情况并不是没有道理的。在一定条件下，即使列车底下的桥梁正在坍下去，列车也仍然可以避免受到伤害。关键在于列车应该在极短促的时间里驶过桥去。在这样短的一瞬间，桥根本就来不及坍……下面是一个大概的计算：客车机车的主动轮直径是 1.3 米。"活塞每秒钟进退 20 次"，这使主动轮每秒钟转 10 周，也就是说，车轮每秒钟要走出 $10 \times 3.14 \times 1.3$ 米，就是 41 米；这是火车的每秒速度。山里的水流大概并不宽；桥的长度，譬如说可能只有 10 米。这就是说，在这样高的速度下，列车只要 $\frac{1}{4}$ 秒的时间就可以把桥过完。因此，即使桥在最初的一瞬间就开始断的话，它断裂的一端在 $\frac{1}{4}$ 秒钟里只来得及落下

$$\frac{1}{2} g t^2 = \frac{1}{2} \times 9.8 \times \frac{1}{16} \approx 0.3 \text{米}$$

就是落下 30 厘米。桥并不是两端一下子都断的，而是列车驶入的那一端先断。当这一段开始跌落，落下最初几厘米的时候，另外一端却仍然和河岸连接着，因此列车（极短的列车）大约也来得及在这一端也断下以前驶到对岸。小说家所说的："重量已经被速度所消灭了"这句话，就是要这样来理解的。

这段故事的不可靠的部分在于"活塞每秒钟进退 20 次"，这可以产生每小时 150 千米的速度。这样高的速度，那个时候的机车还达不到。

应当指出，人们在溜冰的时候，有时候也有类似的情形：溜冰的人冒险地很快溜过薄冰，这冰如果缓缓滑过去是一定要破裂的。

同样应该注意，上面的"重量被速度所消灭"一句话，对拱桥上面的运动也适用。在这种情况下，速度的增加会减小运动物体对桥的压力。

4.4　三条路

【题】一堵陡直的墙壁上画着一个圆圈（图 37），直径是 1 米，从圆圈

顶点沿着弦 AB 和 AC 装有两道滑槽。把三颗弹丸从 A 点同时放下，让一颗自由落下，另外两颗分别在两道滑槽里毫无摩擦而且没有滚动地滑下。问：哪一颗最先到达圆周？

【解】由于滑槽 AC 的路程最短，因此一般很容易以为这个槽里的弹丸一定最先到达圆周。在 AB 槽里下滑的似乎应该在这个竞赛里取得第二名；最慢的应该是竖直跌落的那一颗。

但是，实验却证明上面的结论并不正确：三颗弹丸竟是同时到达圆周的！

原因是，三颗弹丸各用不同的速度运动：运动得最快的是自由落下的弹丸，而沿两个滑槽滑下的弹丸，滑槽比较陡的运动就比较快。这样看来，路程越远的弹丸，运动的也就越快，下面可以证明，速度比较大的结果恰好弥补了路程比较长的损失。

实际上，沿竖直线 AD 落下的时间 t（假如不计算空气阻力）可以按下式求出：

$$AD=\frac{gt^2}{2}$$

从而

$$t=\sqrt{\frac{2AD}{g}}$$

沿弦——例如沿弦 AC——运动的时间 t_1 等于

$$t_1=\sqrt{\frac{2AC}{a}}$$

式子里 a 是沿着斜线 AC 运动的加速度。但是我们不难看出：

$$\frac{a}{g}=\frac{AE}{AC}$$

因此

$$a=\frac{AE \cdot g}{AC}$$

又图 37 说明

$$\frac{AE}{AC}=\frac{AC}{AD}$$

因此

$$a=\frac{AC}{AD}\times g$$

所以

$$t_1=\sqrt{\frac{2AC}{a}}=\sqrt{\frac{2AC\cdot AD}{AC\cdot g}}=\sqrt{\frac{2AD}{g}}=t$$

结果是，$t=t_1$，也就是说，弦和直径上的运动时间相等。这当然不只是 AC 弦适用，从 A 点引下的所有的弦都适用。

上题还可以用另外一种形式提出。三个物体在重力作用下分别沿着竖直平面上一个圆的弦 AD、BD 和 CD 运动（图 38）。运动从 A、B、C 三点同时开始，哪一个物体最先到达 D 点？

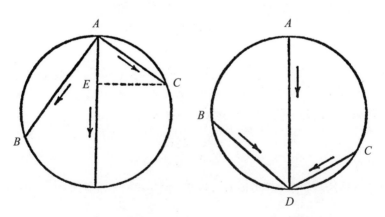

图 37 三颗弹丸的题目。   图 38 伽利略的题目。

读者们现在已经不难自己证出，三个物体会同时到达 D 点。

这个题目是伽利略在《关于两个新的科学学科的谈话》一书里所提出并解答了的，这本书里最先提出了他所发现的物体落下的定律。

在这本书里，可以找到伽利略这样规定的定律："假如从高出地平线的圆的最高点上，引出达到圆周的不同的倾斜平面，在这些面上的落下时间都相同。"

4.5 四块石头的题目

【题】从塔顶上用同样速度掷出四块石头：一块竖直向上，一块竖直向下，一块水平向右，一块水平向左。

问在落下过程当中的每一瞬间，用四块石头做顶点的四角形是什么形状？假定不考虑空气阻力的作用。

【解】许多人着手解题的时候，有这样的想法，认为落下的石头应该分布在一个像风筝形状的四角形的顶点。他们是这样考虑的：向上掷出的石头，离开出发点的速度要比向下掷出的慢；而向两侧掷出的石头，要用某种中间的速度沿曲线飞出。但是这时候他们忘记想一想，四块石头所形成的四边形的中心点会用什么速度落下去。

假如从另一方面来考虑，就比较容易得到正确的答案。这就是说，要先做一个假设，假定根本没有重力作用。

这时候，当然，四块掷出的石头在每一瞬间都是分布在正方形的顶点的。

那么，假如有了重力作用，又会发生什么变化呢？在没有阻力的介质里，一切物体是用同样的速度落下的。因此，我们的四块石头在重力作用下落下的距离相等，也就是说，正方形会跟本身平行地移动，始终保持正方的形状。

所以，掷出的石头分布在正方形的四个顶点上。

下面是另一个有关的题目。

4.6 两块石头的题目

【题】从塔顶上用每秒 3 米的同样速度掷出两块石头：一块竖直向上，一块竖直向下。

问它们用什么速度互相离开？

不考虑空气阻力的作用。

【解】按照上题的思考方法，我们不难得到正确结论：两块石头彼此是用 3+3 就是 6 米 / 秒的速度离开的。这里，不管你觉得多么奇怪，落下的速度不起什么作用，这个答案对于任何天体——地球、月球、木星等等——都适用。

4.7 掷球游戏

【题】球员把球掷向他的同伴，同伴离他 28 米，球行进了 4 秒钟。问球飞到的最大高度多少？

【解】球运动了 4 秒钟，4 秒钟里面同时完成了水平方向和竖直方向的运动。这就是说，球在上升和回落上花了 4 秒钟，上升花了 2 秒钟，回落花了 2 秒钟（力学课本上证明，上升时间跟回落时间相等）。因此，球落下的距离是：

$$S=\frac{gt^2}{2}=\frac{9.8 \times 2^2}{2}=19.6 米$$

所以，球到达的最大高度大约 20 米。至于两个球员之间的距离 28 米，我们根本就用它不着。

在这种不过分快的速度之下，空气的阻力可以不必注意。

第五章　圆周运动

5.1 向心力

下面一个例子可以帮助我们，把后面要用到的一些概念搞清楚。用一条足够长的线，把一个小球系在光滑桌面中央的钉子上（图 39）。弹动小球，使小球得到一个速度v。小球在把线拉直之前，在惯性作用下将沿直线方向前进。但是，只要线给拉直了，小球就开始用大小不变的速度描起圆圈来，圆的中心就是钉子钉在桌子上的地方。然后如果用火柴把线烧断（图 40），小球就在惯性作用下，按着跟圆周相切的方向飞出去（就像你把一块钢触到磨刀具的砂轮上，会有火星沿砂轮切线方向飞出的情形一样）。这样看来，是线的张力使小球脱离了惯性作用下进行的直线匀速运动。根据力学第二定律，力是跟加速度成正比的，方向跟加速度一样。因此，线的张力就会给小球一个加速度，这个加速度的作用方向跟力的作用方向相同，就是向着圆周中心的钉子。小球在惯性作用下想离开中心远去，而线的张力却拖着它趋向圆心，因此这个力叫做向心力，加速度也相应地叫做向心加速度。

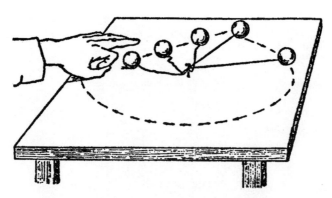

图 39　线拉直以后，使小球匀速地绕圆周运动。

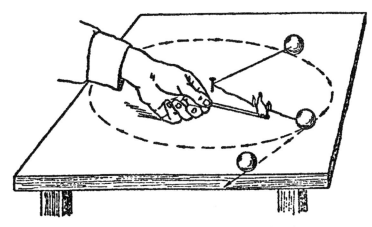

图 40　线烧断以后，小球沿圆周的切线飞出。

设已知沿圆周运动的速度是 v，圆周半径是 R，那么向心加速度 a 可按下式算出：

$$a = \frac{v^2}{R}$$

根据力学第二定律，向心力等于

$$F = m\frac{v^2}{R}$$

让我们把向心加速度的公式推导出来。设小球在某一瞬间位置在 A 点（设小球已经开始旋转运动）。如果把线烧断，小球就在惯性作用下沿圆周切线方向飞出，在某个很短的时间间隔 t 里面到达 B 点（图 41），走的距离 $AB = vt$。但是向心力，这里指线的张力，却使小球做圆周运动，在上面所说的时间间隔里面到达圆周上的 C 点。如果从 C 点向 OA 作一垂线 CD，这个线段的值将 AB 相等于小球如果只受到跟向心力相等的力量作用下所走出的距离。这段距离可由无初速匀加速运动公式求出：

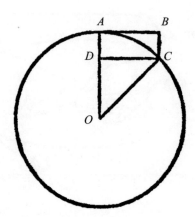

图 41　推导向心加速度的公式。

$$AD=\frac{at^2}{2}$$

式中 a 是向心加速度。据勾股定理可得：

$$OC^2=OD^2+DC^2$$

又

$$CD=AB=vt$$

$$OD=OA-AD=R-\frac{at^2}{2}, OC=R$$

从而

$$R^2=(R-\frac{at^2}{2})^2+(vt)^2$$

或

$$R^2=R^2-Rat^2+\frac{a^2t^4}{4}+v^2t^2$$

于是

$$Ra=v^2+\frac{a^2t^2}{4}$$

上面讨论的是小球在极短的时间间隔 t（小到接近于 0）里面的运动，因此，含有 t^2 的项就是 $\frac{a^2t^2}{4}$，跟 Ra 和 v^2 比较，可以忽略不计。把这个极小的值去掉，就得到：

$$a=\frac{v^2}{R}$$

5.2 第一宇宙速度

让我们试着来搞清楚，人造卫星为什么不会跌回到地球上来。要知道，在地球引力作用下，一切升到地球上空的物体都要跌回到地面上来。这里原因在于把卫星送到轨道上去的多级火箭给了人造卫星以巨大的速度，这个速度大约是每秒 8 千米。

物体如能获得这样的速度，就不会跌回到地面上来，而将变成人造卫星。地球引力只能使它的运行途径弯曲，使它围绕我们的地球描出封闭的椭圆形。

在特殊的情况下，卫星的轨道可以是以地球中心做圆心的圆周。下面让我们推导出卫星在这种轨道上运行的速度，也就是所谓圆周速度的公式。

人造卫星是被向心力拖住在圆周轨道上的，这里起向心力作用的是地球的引力。如果用 m 表示人造卫星的质量，用 v 表示速度，用 R 表示它的轨道半径，那么向心力 F 可以按已知的公式求出：

$$F=m\frac{v^2}{R}$$

另一方面，根据万有引力定律，这个力也等于

$$F=\gamma\frac{mM}{R^2}$$

这里 M 是地球质量，γ 是所谓引力常数。这样，

$$m\frac{v^2}{R}=\gamma\frac{mM}{R^2}$$

从而可以求出圆周速度的值：

$$v=\sqrt{\frac{\gamma M}{R}}$$

如果卫星轨道距地球表面的高度是 H，地球半径是 r（图 42），那么

$$v=\sqrt{\frac{\gamma M}{\gamma+H}}$$

为了便于计算，上面导出的公式还可以改变一下。我们知道，在地球表面，引力等于 mg，据万有引力定律

$$mg=\gamma\frac{mM}{r^2}$$

从而　　　　　　　　　　$\gamma M=gr^2$

这样，对于在地面上空 H 高处的圆周速度，可以得出下列公式：

$$v=\sqrt{\frac{gr^2}{r+H}}$$

或　　　　　　　　　　$$v=r\sqrt{\frac{g}{r+H}}$$

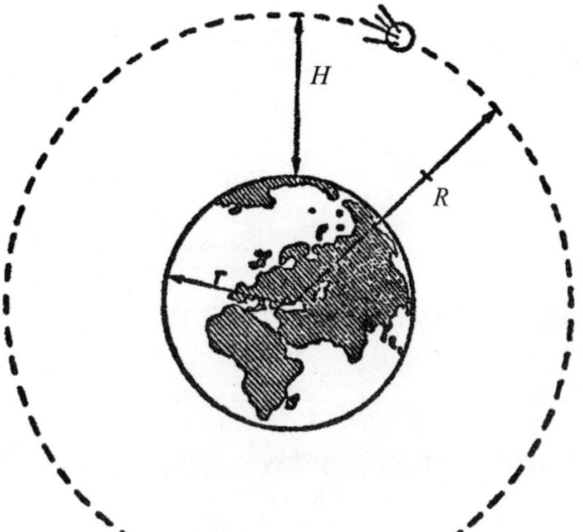

图 42　人造地球卫星的圆周轨道。

这里必须注意，在这个公式里，g 是地球表面上的引力加速度。如果轨道高度 H 跟地球半径 r 相比很小，那可以近似地认为 $H\approx0$，于是圆周速

度的公式就可以简化成：

$$v=r\sqrt{\frac{g}{r}} \text{ 或} v=\sqrt{rg}$$

如果把 g=9.81 米/秒^2，r=6378 千米（地球赤道上的半径）代入后面一式，就可以算出所谓第一宇宙速度

$$v=\sqrt{9.81\times10^{-3}\text{千米/秒}^2\times6378\text{千米}}=7.9\text{千米/秒}$$

人造卫星如果环绕地球表面运动，就应该具有上述速度。当然，实际上，由于地球表面并不是很平的，特别是由于有大气阻力，卫星是不能在这样的轨道上运行的。圆周轨道的高度如果增高，它的轨道速度就会相应地减小。

5.3　增加体重的简单方法

我们时常祝福自己的患病亲友"体重增加"。假如这句话的意思只是这么一点，那么，用不到加强营养，也用不到特别注意健康，很快就可以使体重增加：只要坐到"转马"（图 43）上就可以了。坐在"转马"上旋转的人根本就没有想到，他坐在转马上，体重真正地增加了。下面的简单计算，可以告诉我们增加了多少。

图 43　转马。

设 MN（图 44）是转马车厢绕着旋转的轴，转马转动的时候，四周悬

空的车厢和乘客一起，在惯性作用下有顺着切线方向运动的趋势，因此离开了转轴，成了像图 44 所示的倾斜状态。这时候，乘客的体重 P 分解成两个分力：一个力 R，水平向轴的方向，这是维持圆周运动的向心力；另一个力 Q，沿着悬索的方向，把乘客压向车厢底上，这个力给乘客的感觉就仿佛是体重一般。我们看出"新的体重"要比正常体重 P 大，等于 $\dfrac{P}{\cos \alpha}$。要求出 P 和 Q 之间的 α 角的值，应该先知道力 R 的大小。这个力是向心力，因此，它所产生的加速度是：

$$a = \frac{v^2}{r}$$

式子里 v 是车厢重心的速度，r 是圆周运动的半径，就是车厢重心跟轴 MN 之间的距离。设这个距离是 6 米，转马转数是每分钟 4 转，那么，车厢每秒钟转出全圆的 1/15。从这里算出它的圆周速度是：

$$v = \frac{1}{15} \times 2 \times 3.14 \times 6 \approx 2.5 \text{米/秒}$$

图 44　作用在转马车厢上的力。

现在来求由力 R 产生的加速度的值：

$$a=\frac{v^2}{r}=\frac{250^2}{600}\approx 104 \text{厘米/秒}^2$$

因为力是跟加速度成正比的，所以

$$\tan\alpha=\frac{104}{980}\approx 0.1;\ \alpha\approx 7°$$

我们方才已经知道，"新的体重" $Q=\dfrac{P}{\cos\alpha}$。因此，

$$Q=\frac{P}{\cos 7°}=\frac{P}{0.994}=1.006P$$

假如一个人在正常条件下体重是 60 千克，那么现在的体重就增加了大约 360 克。

在这种一般的、转得比较慢的转马上，体重的增加并不显著，但是在半径小转速高的离心机械上，这种重量的增加有时候可能达到极大的数值。有一种名叫"超离心机"的装置，它的旋转部每分钟可以转 80，000 转之多。如果使用这种装置，可以使重量增加 25 万倍！在这种仪器上试验的最小的水滴，如果它的正常重量只有 1 毫克，就会变成 1/4 千克的重物。

目前，大型的离心机被用来考验人对大幅度超重的耐力，这对实现今后的行星际航行具有极其重大的意义。只要通过一定方式选定半径和旋转速度，就能使被试验的人得到所需要的加重。实验证明，人无疑可以在几分钟之内承受本身体重四五倍的超重，对身体没有危害，而这就可以使他能够安全地向宇宙空间飞去。

现在，你可能会变得谨慎一些，在对亲友祝福的时候，不再说体重增加，而改说身体的质量增加了。

5.4 不安全的旋转飞机

有一个公园打算修建一座旋转飞机，这东西设计得很像孩子们玩的"转绳"，只是打算在绳索（或杆子）的末端装上模型飞机。这些绳索在很快旋转的时候，应该被抛离开去，并且把"飞机"连同乘客一同向上升起。修建的人打算让这座转塔达到一定数目的转数，使绳索或杆子几乎升到水平的位置。但是这个设计并没有实现，因为人们知道了只有当绳索是相当显著地倾斜的时候，乘客的健康才不至于受到危害。绳索跟竖直线间最大极限的倾斜角值，不难从人体只能安全无害地承受三倍重量这一点出发来计算出来。

这里，前节的图 44 对我们很有帮助。我们要使人为的体重 Q 不超过天然的体重的三倍，就是至多它们的比值

$$\frac{Q}{P}=3$$

但是

$$\frac{Q}{P}=\frac{1}{\cos\alpha}$$

因此

$$\frac{1}{\cos\alpha}=3 , \cos\alpha=\frac{1}{3}\approx 0.33$$

从而

$$\alpha \approx 71°$$

所以，绳索不应该偏离竖直线超过 71°，也就是说，跟水平位置之间至少应该留有 19°。

图 45 表示这种旋转飞机。你看，图上绳索的倾斜度还没有达到它的极限值。

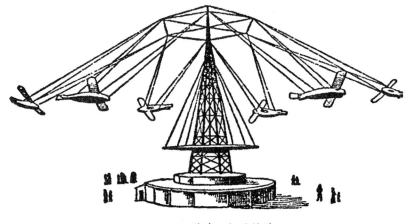

图 45　装有飞机的转塔。

5.5　铁路转弯的地方

"我坐在火车上，火车正在转弯，我突然发现铁路近旁的树木、房屋、工厂烟囱等，都变成倾斜的了。"一位物理学家这样叙述道。乘火车的旅客在火车开得很快的时候也常常可以看到这种现象。

这个现象不能看成是由于转弯地方外面一条轨道铺得比里面一条高，因此火车在弯路上是在某种倾斜状态下前进。假如你从窗口略探出头去，不是通过倾斜的窗框来审看四周景物，上面说的错觉仍然存在。

其实，讲了前一节之后，似乎已经没有必要详细解释这个现象的真正原因了。读者大概已经猜到，当火车在弯路上前进的时候，悬在车里的悬锤一定是在倾斜的状态。这个新的竖直线代替了乘客的原有竖直线；因此，一切原是竖直的东西，对他都变成倾斜的了[①]。

---

① 由于地球旋转，地面上的点都是沿着弧线运动的，因此，即使是在"坚硬的大地"上，悬锤也不是严格地指向地球中心，而是跟这个方向偏斜一个不大的角度的（在 45° 的纬度上偏斜的角度最大，是 6′，在南北极和赤道上却完全没有偏斜）。

竖直线的新方向，不难从图46算出。图上 P 表示重力，R 表示向心力。合力 Q 是乘客所感觉到的重力，车上一切物体都要向这个方向跌去。这个方向跟竖直方向的偏斜角 α 的大小，可以从下式求出：

$$tg\alpha = \frac{R}{P}$$

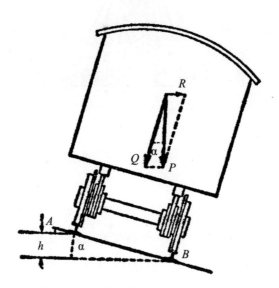

图46　车子在转弯的时候，受到哪些力的作用？下面表示路基截面的倾斜度。

由于力 R 是跟 $\frac{v^2}{r}$ 成正比的，式子里 v 是火车速度，r 是转弯那里的曲率半径，而力 P 是跟重力加速度 g 成正比的，因此，

$$\tan\alpha = \frac{v^2}{r} \div g = \frac{v^2}{rg}$$

设火车速度是18米/秒（65千米/小时），转弯那里的曲率半径是600米。那么

$$\tan\alpha = \frac{18^2}{600 \times 9.8} \approx 0.055$$

从而

$$\alpha \approx 3°$$

我们对于这个"仿佛竖直"[①]的方向不可避免地要认做是竖直的方向，真正的竖直的方向却误认做偏斜 3° 的方向。火车在转弯很多的山路上行驶的时候，旅客有时候会觉得四周的竖直景物偏斜了 10° 之多。

要使火车在转弯的时候保持平稳，在转弯那一段铁路的外面一条钢轨应该铺得比里面一条高，高出多少应该跟新的竖直方向相适应。例如，对于刚才谈的那一个转弯的情形，外面一条钢轨 A（图 46）假定应该铺高 h，这个 h 应该适应下面的方程式：

$$\frac{h}{AB}=\sin\alpha$$

式子里 AB 是轨距，大约等于 1.5 米；sinα=sin3°=0.052。

于是　　　　　　　$h=AB\sin\alpha=1500\times0.052\approx80$毫米

就是外面的钢轨应该铺得比里面钢轨高出 80 毫米。显然，这个数值只是对一定的行车速度才适用，却不能跟着火车速度改变而改变；因此在修筑铁路的时候，一般都是根据最普通的行车速度来设计的。

5.6　不是给步行的人走的道路

我们站在铁路的转弯部分，很难发现外面的钢轨比里面的铺高了一些。但是，自行车竞赛场里跑道的情形就不同了：这里转弯的曲率半径要小得多，而速度却相当高，因此倾斜角也就非常大。举例来说，在速度 72 千米/小时（20 米/秒）、半径 100 米的时候，倾斜角可以从下式算出：

$$\tan\alpha=\frac{v^2}{rg}=\frac{400}{100\times9.8}\approx0.4$$

从而　　　　　　　　　　$\alpha=22°$

---

① 说得更正确一些，应该是对于这个观察的人的"暂时竖直"方向。

在这种道路上，步行的人自然是站不住脚的，但是骑自行车的运动员却只有在这种道路上才觉得最平稳。真是重力作用的一件怪事！专门给汽车竞赛用的道路也是要这样修建的。

在杂技表演里，有时候可以看到更奇怪的事，虽说这种事情也完全符合力学的定律。表演的一位自行车骑手竟能在 5 米或更小半径的"漏斗"里面打转，车子速度是 10 米 / 秒的时候，"漏斗"壁的倾斜度应该相当陡峭：

$$\tan \alpha = \frac{10^2}{5 \times 9.8} \approx 2.04$$

从而 $\alpha \approx 63°$

观众们以为演员一定要有不寻常的技巧和技术，才能在这种显然是不自然的条件下立脚，其实呢，在这个速度之下，这却是最平稳的状态[1]。

5.7 倾斜的大地

不管是谁，只要看见过飞机在天空中绕圈子（"急转弯"），看到飞机倾侧得这么厉害，他一定会以为飞行员在飞机里必定是小心翼翼地，怕从飞机里面跌出来。但是事实上，飞行员甚至没有感觉到他的飞机正在倾斜——对他来说，飞机是水平地在空中飞行着的。但是他也有另外一些异常的感觉：首先，他感到体重增加了，其次，他所看到的地面都变成了倾斜的。

让我们做一个概略的计算，看看飞行员在"急转弯"的时候，他所感到的水平面的"倾斜"角度有多大，他的体重"增加"到什么程度。

让我们根据实际情况来决定计算需要的数据：飞行员用 216 千米 / 小

---

[1] 关于自行车的把戏，可以参看《趣味物理学》续编。

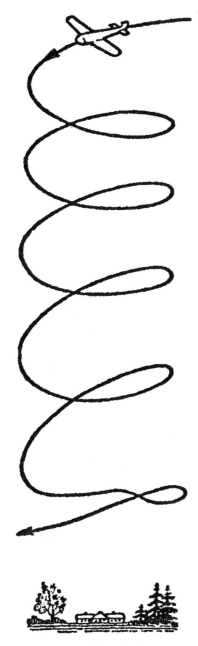

时（60 米/秒）的速度盘旋飞行，旋转的直径是 140 米（图 47）。倾斜角 α 可以从下式算出：

$$\tan\alpha = \frac{v^2}{rg} = \frac{60^2}{70 \times 9.8} \approx 5.2$$

从而　　　　　　$\alpha \approx 79°$。

从理论上来看，对于这位飞行员，大地不但要变得倾斜，甚至几乎竖立起来了。倾斜得跟竖直方向只差 11° 了。

实际上，大概是由于生理上的原因，在这种情况下大地倾斜的角度，要比上式求出的数值略小一些（图 48）。

至于"增加了的体重"，它跟天然

图 47　飞行员在做盘旋飞行。

图 48　在飞行员看来是这样（参看图 47）。

体重的比值等于它们方向之间的夹角余弦值的倒数。这个角的正切是
$\dfrac{v^2}{r}$: g=5.2。

　　从三角函数表可以求出相应的余弦值是 0.19，它的倒数是 5.3。这就是
说，做这样飞行的飞行员压向机座的力要等于他在直线飞行时候的 5 倍，也
就是说，他感到自己的体重仿佛变成了原来的 5 倍。

　　图 49 和图 50 是另外一个例子，在这种情况下飞行员看到的地面也是
倾斜的。

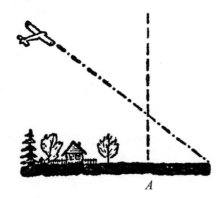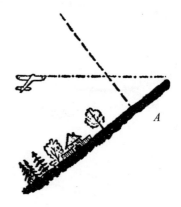

图 49　飞行员用 190 千米 / 小时速　　　图 50　在飞行员看来是这样
度做大半径（520 米）的曲线飞行。　　　（参看图 49）。

　　体重的这种人为增加可以造成飞行员的致命伤。就曾经有过这样的事
情：一位飞行员驾着飞机做"螺旋"飞行（依小半径螺旋线急转下降）的时
候，不但不能从机座上起身，甚至不能用手做出动作。计算说明，他这时候
的体重变成了原来体重的 8 倍！只在做了最大努力之后，才得幸免于难。

5.8　河流为什么是弯的？

　　人们很久就知道河流有像蛇一样弯曲的倾向。河流的弯曲不应该认为都
是由地形造成的。有的地区可能完全平坦，可是河流还是蜿蜒曲折。这仿佛

很奇怪，不是吗？在这样的地区，河流应该很自然地选择直线的方向呀。

可是，进一步的研究会使我们发现很意外的事情：对于即使是在平坦地区上流动的河流，直线方向也是最不稳定的，因此也是最不可能有的。要想使河流保持直线方向，只能在理想的条件下实现，而这种条件实际上是永远不会有的。

试假设一条河，在大体上同样的土壤上严格地依一条直线流动着。让我们来证明这种直线流动不可能继续得很长久。由于偶然的原因，例如由于土壤的不同，水流在某个地方偏移了一些。以后怎么样呢？河流会自动恢复它的流动方向吗？不，偏移的情况要越来越大。在弯曲的地方（图51），水由于是在依曲线流动，在离心力作用下要压向凹入的一岸 A，冲洗这一岸，同时离开了凸出的一岸 B。而要使河流恢复直线的方向，却恰好需要相反的情况：需要冲洗凸出的一岸，离开凹入的一岸。凹入的一岸受到冲洗，凹入的程度开始加大，河流弯曲的曲率也开始加大，这样一来离心力也就加大，接着对凹入一岸的冲洗作用也随着加强。看，只要形成了即使是最小的弯曲，这个弯曲就会不停地增长。

图 51　河流极小的一些弯曲会不停地增长。

由于水流靠凹入的一岸流得比靠凸出的一岸快，因此水流携带的泥沙多沉积在靠凸出的一岸，而凹入的一岸恰恰相反，发生了更强烈的冲洗，结果靠这一岸的河就变得比较深。

由于这个原因，凸出的一岸就变得比较平坦，而且更加凸出，凹入的一岸却变得很陡峭。

使小河发生轻微的、最初的弯曲的偶然原因，几乎是不可避免的，因此，河流就不可避免地会越来越弯曲，在相当时间之后就变成了蜿蜒曲折的了。

研究一下河流弯曲的进一步发展情况是很有趣的。河床逐步改变就像图 52 的 a 到 h 所示。图 52a 是稍稍弯曲的小河；在图 52b 里，水流已经冲成了凹入的河岸，并且已经稍稍离开了倾斜的凸出的一岸。图 52c 表示河床更扩大了，而在图 52d 里，已经弯成了宽广的河谷，河床在河谷里只占一部分地位。图 52e、f 和 g 是河谷的进一步发展；图 52g 表示河床的弯曲已经大到几乎形成一个环套。最后，从图 52h 可以看到，河流是怎样在弯曲的河床相接近的部位上为自己打通道路，在那里抄了近路，在冲成的河谷的凹入部分留下了所谓弓形沼或牛轭沼——留在河床被遗弃部分的死水。

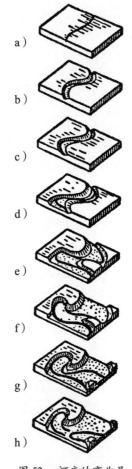

a)
b)
c)
d)
e)
f)
g)
h)

图 52 河床的弯曲是怎样自己逐渐增长的。

读者自己就能猜到，为什么河流在它所造成的平坦的河谷里不在中间流或顺着一边流，而总是从一边折向另一边——从凹入的一边折向最近的凸出的一边①。

力学就是这样控制着河流的地质命运的。我们上面所说的现象，当然是在很长的一段时间里逐渐发生的，这种时间是要论千年计算的。但是，你可以在每个春天看到跟上面说的许多细节相近的现象（当然规模要小得多），只要注意观察融雪水在冰冻的雪地上冲出的小水流就行了。

① 地球的自转作用会使北半球的河流冲洗右岸比较厉害，南半球的河流冲洗左岸比较厉害。我们这里完全没有考虑到地球的自转作用。

第六章　碰　撞

6.1 研究碰撞现象为什么重要?

力学里面有一章，专门讨论物体的碰撞。这一章学生一般都不感兴趣。学生对这一章理解得很慢，忘记得却很快，给自己留下一个不愉快的记忆，好像只有一大堆复杂的公式。但是事实上这一章是应该受到重大注意的。有过一个时期，人们曾经想用两个物体的碰撞来解释大自然的一切别的现象。

19 世纪的著名自然科学家居维叶曾经说过："我们如果离开了碰撞，就不可能得到有关原因和作用之间的关系的明确印象。"一种现象，只是在把它的原因归结到分子的互相碰撞上的时候，才认为是解释明白了。

是的，想从这样的起点出发去解释世界，并没有成功：许许多多的现象——电气现象、光学现象、地球引力——都不能这样解释。但是，就在今天，物体的碰撞在解释大自然各种现象的时候还是起着重大的作用。气体分子运动论就是一个例子，它就是把许多现象看做是许许多多不断地互相碰撞的分子的无秩序的运动。此外，我们在日常生活和工程技术的每一步，也可以碰到物体的碰撞。所有一切承受撞击作用的机器和建筑，它们的组成部分的强度计算都是要使它们能够承受撞击负荷的。因此，力学里这一章的知识是不可缺少的。

6.2 碰撞的力学

懂得物体碰撞的力学，就是懂得怎样预先知道两个互撞物体在碰撞以后速度有多少。这个碰撞后的速度要看互撞的物体是非弹性的（碰撞以后不跳开的）呢，还是弹性的。

如果是非弹性物体，互撞的两个物体在碰撞以后要取得相同的速度，这个速度的大小可以根据混合法由互撞物体的质量和原来的速度求出。

你把每千克 8 元的咖啡 3 千克和每千克 10 元的咖啡 2 千克混在一起，这种混合咖啡每千克的价格就应该是：

$$\frac{3 \times 8 + 2 \times 10}{3+2} = 8.8元$$

同样，当质量是 3 千克、速度是 8 厘米 / 秒的非弹性物体，跟另一个质量是 2 千克、速度是 10 厘米 / 秒的非弹性物体相撞的时候，每个物体碰撞以后的速度应该是：

$$u = \frac{3 \times 8 + 2 \times 10}{3+2} = 8.8厘米/秒$$

一般说，当质量分别是 m_1 和 m_2、速度分别是 v_1 和 v_2 的两个非弹性物体互相碰撞的时候，它们碰撞以后的速度是：

$$u = \frac{m_1 v_1 + m_2 v_2}{m_1 + m_2}$$

假如我们把速度 v_1 的方向算做正的，那么速度 u 前面的正号就表示物体在碰撞以后跟 v_1 相同的方向运动，负号表示向相反的方向运动。关于非弹性物体的碰撞，需要记住的就只是这一些。

弹性物体的碰撞就比较复杂一些：这种物体碰撞的时候，在碰撞的部位上不但发生凹陷（和非弹性物体一样），并且接着又会凸起来，恢复原来的形状。在凸起的阶段，追撞的物体除了在凹陷的阶段已经失去了一份速度以外，还要再失去同样的一份速度，而被追撞的物体除了在凹陷的阶段已经增加了一份速度之外，还要再增加同样的一份速度。比较快的物体要失去两份速度，比较慢的物体要增加两份速度，——对于弹性碰撞所应该记住的，就只是这一些。其余就纯粹是数学上的计算了。设比较快的物体速度是 v_1，另一个物体的速度是 v_2，它们的质量分别是 m_1 和 m_2。假如这两个物体都是非弹性的，那么碰撞以后每个物体都要用这样的速度运动：

$$u = \frac{m_1 v_1 + m_2 v_2}{m_1 + m_2}$$

第一个物体所失去的速度是 $v_1 - u$，第二个物体所增加的速度是 $u - v_2$。而在弹性物体的情形，我们已经知道，速度的失去和增加都是双份的，就是 $2(v_1 - u)$ 和 $2(u - v_2)$。因此，在弹性碰撞之后，物体的速度 u_1 和 u_2 应该是：

$$u_1 = v_1 - 2(v_1 - u) = 2u - v_1$$

$$u_2 = v_2 + 2(u - v_2) = 2u - v_2$$

剩下的只是把 u 的值（见本节上面所说的）代入就是了。

我们已经研究了碰撞的两个极端情况：完全非弹性物体的碰撞和完全弹性物体的碰撞。但是，还可能有中间的情况：互撞的物体不是完全弹性，就是在碰撞的第一个阶段以后，并不完全恢复它原来的形状。对于这种情况，我们下面还要回头来谈；这里只要知道上面所说的一些就可以了。

弹性碰撞的情况，我们还可以根据下面简短的规则来掌握：物体互撞以后，用碰撞前互相接近的速度离去。这规则只要简单地思考一下就可以得到：

物体碰撞前互相接近的速度是 $v_1 - v_2$，

物体碰撞后互相离去的速度是 $u_1 - u_2$。

把 u_1 和 u_2 的值代入上式，得：

$$u_2 - u_1 = 2u - v_2 - (2u - v_1) = v_1 - v_2$$

这个性质所以重要，不但因为可以为弹性碰撞提供一幅清晰的图画，而且还有另外一层道理。在求公式的时候，我们曾经说到"去撞的物体"和"被撞的物体"，"追撞的物体"和"被追撞的物体"，当然，这是跟某个不参加运动的第三者相对地说的。但是在本书第一章里（关于两只鸡蛋的题目）我们已经讲过，去撞的和被撞的物体之间没有什么差别：这两个角色可以互换，而毫不影响整个现象。这一点在本节里是不是也同样适用呢？假如把角色互换一下的话，前面求出的公式会不会算出不同的结果？

不难看出，这样变动之后，上面公式算出的结果一点也不会变。这是因为不管从哪一个观点来看，物体碰撞以前的速度差总是一样的。因此，碰撞以后物体互相离去的速度也就不变（$u_2-u_1=v_1-v_2$）。换句话说，不管从哪一个观点来看物体碰撞以后的运动情况也总是这样。

下面是有关绝对弹性球的碰撞的一些有趣的数据。直径同是 7.5 厘米左右的两个钢球，用 1 米 / 秒的速度互撞的时候，产生的压力是 1500 千克，用 2 米 / 秒的速度互撞的时候，压力是 3500 千克。钢球互撞时候接触部位的圆的半径，在 1 米 / 秒的速度的时候是 1.2 毫米，2 米/秒的速度的时候是 1.6 毫米。碰撞持续的时间在这两种情形都大约是 $\dfrac{1}{5000}$ 秒。这个时间极短，所以钢球在这么大的压力（每平方 5000 厘米 15~20 吨）之下能够不损坏。

不过这样短的碰撞时间只对小球来说是对的。计算告诉我们，如果钢球有像行星那样大（比方半径 =10，000 千米），用 1 厘米 / 秒的速度互撞，那碰撞的时间应该是 40 小时。这时候接触部分的圆的半径是 12.5 千米，而互相挤压的力量达到 4 万万吨！

6.3　研究一下你的皮球

我们在前一节里看到的关于物体碰撞的公式，在实际上很少能够直接应用。在实际上，可以大致认为"完全非弹性"或"完全弹性"的物体，是极少见的。绝大多数物体既不属于前一类，也不属于后一类：这些物体"不是完全弹性的"。试取皮球做例子。我们不怕古寓言作者的嘲笑，让我们问一下自己：皮球是怎样一件东西？从力学观点看，是完全弹性的呢，还是不是完全弹性的？

试验球的弹性的方法很简单：只要让它从一定高度落向坚硬的地面就是了。一只完全弹性的球落下以后应该跳到原来落下的高度。非弹性的球完全不能够跳起（这一点从物理学的认识上已经很清楚了）。

那么，一只不是完全弹性的皮球，它的情况怎么样呢？要说明这点，让我们把弹性碰撞深入研究一下。皮球到了地面，它跟地面接触的部位被压扁，这个压力减低了球的速度。到这一步为止，球的情况一直和非弹性物体一样；这就是说，它在这时候的速度等于 u，失去的速度是 v_1-u。但是被压扁的地方马上又重新凸起，这时候球自然要向妨碍它凸起的地面作用，因此又产生一个力作用在球上，减低球的速度。假如这时候球完全恢复了它的原来形状，就是它的形状变化跟它被压扁的时候的程序正好相反，那么新失去的速度应该跟前一个阶段相等，就是等于 v_1-u，因此，总的说来一个完全弹性的皮球的速度应该减少 $2(v_1-u)$，变成

$$v_1-2(v_1-u)=2u-v_1$$

我们说皮球"不是完全弹性的"，事实上是想说这个球在受到外力作用下改变了形状以后，不能完全恢复它原来的形状。它在恢复形状时候的作用力要比当初改变它形状的力小，跟这个相应的，在恢复形状的阶段所失去的速度要比第一阶段失去的小；它不是 v_1-u，而只是这个值的一部分，用系数 e 表示（e 叫做"恢复系数"）。这样，弹性碰撞的时候，失去的速度在前一阶段等于 v_1-u，在后一阶段等于 $e(v_1-u)$。总共失去的速度等于 $(1+e)(v_1-u)$，而碰撞以后剩下的速度 u_1 等于

$$u_1=v_1-(1+e)(v_1-u)=(1+e)u-ev_1$$

至于被撞的物体（在这里讲皮球的情形就是指地面），它在皮球的作用下，根据反作用定律后退，这个速度 u_2 也不难算出，应该等于

$$u_2=(1+e)u-ev_2$$

两个速度的差（u_2-u_1）等于 $ev_1-ev_2=e(v_1-v_2)$，从而可以求出"恢复系数"

$$e = \frac{u_1 - u_2}{v_1 - v_2}$$

对于向固定不动的地面上碰撞的皮球，$u_2 = (1+e)\, u - ev_2 = 0$，$v_2 = 0$。因此，

$$e = \frac{u_1}{v_1}$$

但是 u_1 是球跳起以后的速度，等于 $\sqrt{2gh}$，式子里 h 是球跳起的高度；$v_1 = \sqrt{2gH}$，式子里 H 是球落下的高度。因此，

$$e = \sqrt{\frac{2gh}{2gH}} = \sqrt{\frac{h}{H}}$$

这样，我们找到了求皮球"恢复系数"的方法，这个系数可以表示球"不是完全弹性"的不完全程度。方法很简单，只要测出球落下的高度和跳起的高度，把这两个数的比值开方，就得到所求的系数了。

根据运动规则，一只良好的网球从 250 厘米高度落下的时候，应该能跳起 127~152 厘米高（图 53）。因此，网球的恢复系数应该在 $\sqrt{\frac{127}{250}}$ 到 $\sqrt{\frac{152}{256}}$ 的范围之内，也就是在 0.71 到 0.78 之间。

让我们取平均值 0.75，或者可以说是用"弹性 75%"的球做例，做几个运动员们极感兴趣的计算。

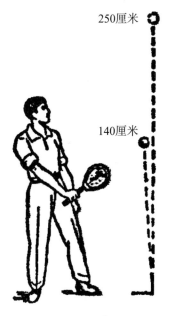

250厘米

140厘米

图 53 好的网球在从 250 厘米高的地方落下的时候，应该能跳起大约 140 厘米高。

第一个题目：让这个球从高度 H 落下，第二次、第三次以及以后各次跳起多高？

我们已经知道，在第一次跳起的时候，球跳起的高度可以用下式求出：

$$e=\sqrt{\dfrac{h}{H}}$$

用 $e=0.75$，$H=250$ 厘米代入：

$$0.75=\sqrt{\dfrac{h}{250}}$$

从而 $h\approx140$ 厘米。

第二次跳起的时候，就是从 $h=140$ 厘米高的地方落下以后跳起来，球跳到的高度假定是 h_1，这时候

$$0.75=\sqrt{\dfrac{h_1}{140}}$$

从而 $h_1\approx79$ 厘米。

球第三次跳起时候的高度 h_2 可以从下式求出：

$$0.75=\sqrt{\dfrac{h_2}{79}}$$

从而 $h_2\approx44$ 厘米。

以下的计算可以照这样继续进行下去。这个球如果从埃菲尔铁塔的高度（$H=300$ 米）落下来，假如不计算空气阻力的话，第一次会跳起到 168 米，第二次 94 米，等等（图 54），实际上由于速度很大，因此空气阻力也是很大的。

第二个题目：球从高度 H 落下以后，能跳起多少时间？

我们知道

$$H=\frac{gT^2}{2} \qquad h=\frac{gt^2}{2} \qquad h_1=\frac{gt_1^2}{2}$$

因此，

$$T=\sqrt{\frac{2H}{g}} \qquad t=\sqrt{\frac{2h}{g}} \qquad t_1=\sqrt{\frac{2h_1}{g}}$$

各次跳起的总时间等于

$$T+2t+2t_1+\cdots\cdots$$

就是：

$$\sqrt{\frac{2H}{g}}+2\sqrt{\frac{2h}{g}}+2\sqrt{\frac{2h_1}{g}}+\cdots\cdots$$

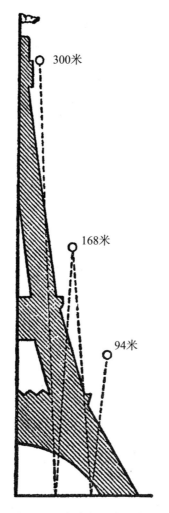

300米

168米

94米

图 54　从埃菲尔铁塔上落下
的球能跳起多高。

经过一番演算之后（擅长数学的读者不难自己算出），上面各项的和可以用下式表示：

$$\sqrt{\frac{2H}{g}}\left(\frac{2}{1-e}-1\right)$$

把 H=2.5 米，g=9.8 米 / 秒^2，e=0.75 各值代入，得到跳起的总时间是 5 秒，就是说 94 米球会继续跳动 5 秒钟。

假如让球从埃菲尔铁塔顶上落下来，在没有大气阻力的情况下，球会继续跳动将近一分钟，准确些说是 54 秒钟，只要球在碰撞的时候没有撞碎的话。

球从几米高的地方落下的时候，速度并不大，因此空气阻力也不很大。人们做过这样一个实验，让恢复系数 0.76 的皮球从 250 厘米高的地方落下。这球在没有空气的情况下，第二次应该跳到 84 厘米高；实际上跳到 83 厘米高，这里可以看到，空气阻力几乎并没有起什么影响。

6.4 在木槌球场上

木槌球撞到一个不动的球上，造成了力学上所谓"正碰"和"对心碰"。这就是碰撞的方向跟通过碰撞施力点的球的直径的方向相合的一种碰撞。

两个球在相撞以后，发生什么情况呢?

两个球的质量相等。假如它们是完全非弹性的，那么相撞以后的速度应该彼此相等，都是去撞的那个球的速度的一半。这从下式可以看出：

$$u=\frac{m_1v_1+m_2v_2}{m_1+m_2}$$

式子里 $m_1=m_2$，$v_2=0$。

相反，假如两个球都是完全弹性的，那么，通过简单的计算（具体演算我们交给读者自己去做）可知，两个球的速度正好对调：去撞的一个球在相撞以后停止下来，而原来不动的球却用去撞的球的速度向碰撞的方向运动。打弹子的时候，两球（象牙球）相撞所发生的情况就差不多是这样，这种球的恢复系数比较大（象牙的恢复系数$e=\dfrac{8}{9}$）。

但是木槌球的恢复系数却小得多（$e=0.5$）。因此碰撞的结果跟刚才所说的并不相同。两个球在碰撞以后仍然继续运动，但是速度不同：去撞的球要落在被撞的球的后面。详细情形可以通过物体碰撞的公式来解释。

设"恢复系数"（它的求法读者已经从上面知道了）是 e。在上节里，我们求出两个球碰撞以后的速度 u_1 和 u_2 分别等于：

$$u_1=(1+e)u-ev_1 \qquad u_2=(1+e)u-ev_2$$

这里，和以前的公式里一样，

$$u=\frac{m_1v_1+m_2v_2}{m_1+m_2}$$

对于木槌球，$m_1=m_2$，$v_2=0$。把这两个值代入，得到：

$$u=\frac{v_1}{2} \qquad u_1=\frac{v_1}{2}(1-e) \qquad u_2=\frac{v_1}{2}(1+e)$$

此外，不难看出，

$$u_1+u_2=v_1 \qquad u_2-u_1=ev_1$$

现在我们已经能够准确地预先说出两个相撞的木槌球的命运了：去撞的球的速度在两个球之间做了这样的分配，使被撞的球运动得比去撞的球快，所快的是去撞的球的原来速度乘上 e。

举一个例子。设 $e=0.5$。这时候，在碰撞以前静止的球，要取得去撞的球的原来速度的$\dfrac{3}{4}$，而去撞的球本身却跟在被撞的球后面，只保留了原来速度的$\dfrac{1}{4}$。

6.5 "力从速度而来"

托尔斯泰写的《读本第一册》里，在这个题目下面说了这样一个故事：

有一次，火车正在铁路上疾驰。铁路上，在和马路交叉的地方，有一匹马和载着重物的大车停在那里。一个汉子在赶马越过铁路，马却拖不动大车，因为一只车轮脱落了。乘务员向司机喊道："快点煞车。"可是司机没听他的话。他想到那汉子既不能把马连车赶走，又不能把它挪开，而火车又不可能马上停下来。他没有去停车，却把火车用最快的速度猛向大车冲去。汉子吓得赶紧逃开了，火车呢，把大车和马像木片似地抛到一旁，本身却没有受到震动，继续开走了。这时候司机对乘务员说："现在我们只撞死了一匹马，撞坏了一辆大车，假如我听了你的话，我们自己就会受到损伤，全体乘客也要遭难。在快速行驶的时候，我们把大车撞了开去，火车却没有受到震动，如果用低速前进，我们火车就会出轨。"

这件事可以从力学观点上来解释吗？这里是两个不是完全弹性物体的碰撞，而被撞的物体（大车）在碰撞以前是静止不动的。设用 m_1 和 v_1 表示火车的质量和速度，用 m_2 和 v_2（$v_2=0$）表示大车的质量和速度，应用我们已经知道的公式：

$$u_1=(1+e)u-ev_1 \qquad u_2=(1+e)u-ev_2$$

$$u=\frac{m_1v_1+m_2v_2}{m_1+m_2}$$

把后一式的分子和分母用 m_1 除，得到：

$$u=\cfrac{v_1+\cfrac{m_2}{m_1}v_2}{1+\cfrac{m_2}{m_1}}$$

但是大车质量跟火车质量的比值$\cfrac{m_2}{m_1}$微不足道，把它当做零的话，得到：

$$u\approx v_1$$

代入第一式，　　　　　　　　$u_1=(1+e)v_1-ev_1=v_1$

这就是说，火车在碰撞以后仍然用原来的速度疾驰；乘客们也感觉不到什么震动（感觉不到速度的改变）。

至于大车怎么样呢？它在被撞以后的速度$u_2=(1+e)u=(1+e)v_1$，比火车速度还大ev_1。火车在碰撞以前的速度v_1越大，大车突然得到的速度就越大，把大车毁掉的碰撞力量也越大。这一点在这里有重要的意义：要想使火车避免事故，一定要克服大车的摩擦，如果碰撞的能量不够，大车会停留在铁轨上，成了严重的障碍。

这样，火车司机把火车开快的做法是完全正确的：由于这样做，火车本身不受到震动，却可以把大车从铁轨上撞开去。应该指出，托尔斯泰的这篇故事是指他那个时代速度比较低的火车而说的。

6.6　受得住铁锤击的人

杂技表演的这个节目，对于即使是有修养的观众也会产生强烈的印象，演员平卧在地上，胸上放着一个沉重的铁砧，两个大力士高高抡起沉重的铁锤，向铁砧上用力打去（图55）。

图 55　两个大力士抢起铁锤，向铁砧上用力打去。

这使你不由自主地感到惊奇：一个活人怎样能够毫无损伤地承受这样的震动。

可是，弹性物体的碰撞定律却告诉我们，铁砧比铁锤重得越多，铁砧在碰撞的时候所得到的速度就越小，也就是说，人感觉到的震动也越轻。

下面是弹性碰撞的时候被撞物体速度的公式：

$$u_2 = 2u - v_2 = \frac{2(m_1 v_1 + m_2 v_2)}{m_1 + m_2} - v_2$$

这里 m_1 是铁锤的质量，m_2 是铁砧的质量，v_1 和 v_2 是它们碰撞以前的速度。首先，我们知道 $v_2 = 0$，因为在碰撞以前铁砧是静止不动的。因此，上式可以写成：

$$u_2 = \frac{2m_1 v_1}{m_1 + m_2} = \frac{2v_1 \times \dfrac{m_1}{m_2}}{\dfrac{m_1}{m_2} + 1}$$

（我们把分子和分母用 m_2 除了）。假如铁砧的质量 m_2 比铁锤的质量 m_1 大得很多，$\dfrac{m_1}{m_2}$ 的值就很小，可以在分母里忽略不计。那时候铁砧碰撞以后的速度就是：

$$u_2=2v_1 \times \frac{m_1}{m_2}$$

就是只有铁锤速度 v_1 的极小的一部分[①]。

举例来说，如果铁砧的质量是铁锤的 100 倍，它的速度就只有铁锤速度的 $\frac{1}{50}$ ：

$$u_2=2v_1 \times \frac{1}{100}=\frac{1}{50}v_1$$

锻工从实践当中知道，使用轻锤锤击，锤击作用不可能传递到深处去。现在已经很明白，为什么对躺卧在铁砧下面的演员来说，铁砧越重越是适宜了。全部困难只在于要能够在胸上毫不受损伤地承受这样一个重量。假如把铁砧底部制成特别的形状，使它能够在比较大面积上贴着人体，而不是只在不大的几部分接触的话，这就是可以做到的事。那时候铁砧的重量会分布在比较大的面积上，因此每平方厘米上所分到的重量已经不很大。在铁砧的底和人体之间加一层柔软的衬垫也是有帮助的。

演员没有必要在铁砧的重量上对观众进行欺骗，但是在铁锤的重量上进行欺骗却有一定的好处，可能正是因为这个缘故，杂技团里的铁锤并不像看上去的那么沉重。假如铁锤是空心的，它打下去的力量在观众眼里并不会因而减小，但是铁砧的震动却会跟铁锤质量的减轻成比例地减弱了。

[①] 我们这里把铁锤和铁砧看做是完全弹性物体了。读者假如把这两个物体看做不是完全弹性的，通过类似的演算可以知道，结果也并没有很大的改变。

第七章　略谈强度

7.1 关于海洋深度的测量

海洋的平均深度大约 4 千米，但是在个别地点，深度要比这个数目大出一倍甚至更多。前面已提过，海洋的最大深度大约到 11 千米。要想测量这种深度，得垂下一条超过 10 千米以上长度的金属丝。但是这么长的金属丝有很大的重量，它会不会在自重的作用下断掉呢？

这不是一个没有意思的问题，计算证明这个问题的提出很适当。试取 11 千米长的铜线做例：设用 D 表示铜线的直径（用厘米计算）。它的体积应该是 $\frac{1}{4}\pi D^2 \times 1,100,000$ 立方厘米。我们知道，每 1 立方厘米的铜，在水里大约重 8 克，因此这条铜线在水里的重量是：

$$\frac{1}{4}\pi D^2 \times 1,100,000 \times 8 = 6,900,000 D^2 克。$$

假设铜线直径是 3 毫米（D=0.3 厘米），它在水里的重量应该是 620,000 克，也就是 620 千克。这样粗细的铜线能够经受大约 $\frac{3}{5}$ 吨重的负载吗？这里我们要暂时离开本题，花一些篇幅来谈一谈使金属丝和杆断裂的力的问题。

力学里的一个学科，名叫"材料力学"，告诉我们，用来使金属丝或杆断裂的力的大小，跟金属丝或杆的材料、截面大小和施力的方法有关。这里，跟截面的关系比较简单：截面积增加多少倍，需要用来使金属丝或杆断裂的力也要增加多少倍。至于跟材料的关系，当杆的截面积是 1 平方毫米的时候，拉断各种材料的杆所需要的力，已经用实验确定下来了。各种工程手册上一般都载有这个力的数值表，这个表就是抗断强度表。图 56 用实物表示了这个表。从这个表上可以看到，要拉断一条铅丝（截面积 1 平方毫米），要用 2 千克的力，拉断一条同样粗细的铜丝要用 40 千克，拉断一条青铜丝要 100 千克，等等。

可是，工程上却绝不容许让杆件受到这么大的力的作用。如果这样，这个结构就是非常靠不住的。只要材料上有极细微的、肉眼看不到的缺陷，只要由于震动或温度改变产生了极微小的过负载，杆件就要断裂，整个结构就要受到破坏。因此，一定要取一个"安全系数"，就是使作用力只达到断裂负载的几分之——例如四分之一、六分之一、八分之一，看材料和工作条件而定。

现在，再回到刚才已经开始了的计算上来。要拉断直径 D 厘米的铜线，要多大的力才够呢？它的截面积是 $\frac{1}{4}\pi D^2$ 平方厘米或 $25\pi D^2$ 平方毫米。从我们的形象化的表（图 56）里可以查到，截面积 1 平方毫米的铜线，要在 40 千克的力的作用下断裂。可见得要使上面说的铜线断掉，只要 $40 \times 25\pi D^2 = 1000\pi D^2 = 3140 D^2$ 千克的力就够了。

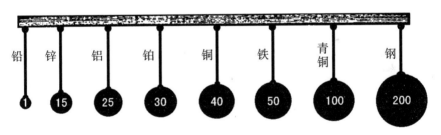

图 56　不同材料的金属丝，要多大重量才能把它们拉断？（截面积 1 平方毫米，重量单位千克）

而铜线本身，根据前面的计算，一共有 $6900 D^2$ 千克重——比需要用来拉断的力大一倍多。因此，你可以看到，即使不说什么安全系数，铜线也是不能用来测量海洋深度的，因为在 5000 米长的时候，它就已经要在自重的作用下断掉了。

7.2 最长的悬垂线

一般说来，每一条金属丝都有一个极限长度，到了这个长度便会由于自重而断掉。一条悬垂线不可能有任意的长度：它的长度有一个不可能超越的限度。在这里，加粗金属丝是没有用的，因为把直径加倍固然可以使它经得住 4 倍的重量，但是它的重量也增加到了 4 倍。极限长度跟金属丝的粗细无关，只看它是什么材料制成的：对于铁，是一个极限长度；对于铜，是另一个极限长度；对于铅，又是一个极限长度。要想求出这个极限长度，并不困难；读者在做了上一节的演算之后，不必再解释就可以了解了。假如金属丝的截面积是 s 平方厘米，长 L 千米，金属丝材料每 1 立方厘米的重 ρ 克，那么全条金属丝重就是 $100,000s L\rho$ 克；它所能经受得住的重量是 $1000 Q \times 100s = 100,000 Qs$ 克，这里 Q 是在 1 平方毫米截面积时候的断裂负载（用公斤计算）。因此，在极限的情况下

$$100,000 Qs = 100,000 s L\rho$$

从而算出极限长度是：

$$L = \frac{Q}{\rho}$$

这个简单的式子可以用来很容易地算出各种材料的金属丝或线的极限长度。前面我们已经求出铜线在水里的极限长度；在水外这个长度更小，是

$$\frac{Q}{\rho} = \frac{40}{9} \approx 4.4 千米。$$

下面是另外几种金属丝的极限长度：

铅丝 ······200 米

锌丝 ······2.1 千米

铁丝 ······7.5 千米

钢丝 ……………………25 千米

但是实际上当然不可以采用这种长度的悬垂线，因为这要使它们受到不容许的负载。只可以使它们受到断裂负载的一部分，譬如说，对于铁丝和钢丝，就只能使它们受到断裂负载的 $\frac{1}{4}$ 的负载。因此，在实际上使用悬垂铁丝的时候，一般不超过 2 千米长，钢丝不超过 6.25 千米长。

如果是把金属丝垂到水里，极限长度，对铁丝和钢丝来说，就可以增加 $\frac{1}{8}$。但是即使这样，也还不能够到达最深的海底。要做这样的测量，一定要用特种牌号的坚固的钢丝[①]。

7.3　最强韧的材料

在抗张强度特别高的材料当中，有一种是镍铬钢：要想把截面积 1 平方毫米的这种钢丝拉断，要用 250 千克的力。

这个概念，假如看一下图 57，就可以有更好的体会：图示一条细钢丝（直径只比 1 毫米略粗些）承受了一只肥猪的重量。用来测量海洋深度的金属线就是用这种钢制成的。这种钢每 1 立方厘米在水里重 7 克，而每 1 平方毫米的容许负载在这种情况下是 $250 \times \frac{1}{4} = 62$ 千克（安全系数 4），因此这种钢丝的极限长度是：

$$L = \frac{62}{7} = 8.8 千米$$

图 57　1 平方毫米截面的镍铬钢丝能够承受 250 千克的重量。

[①] 现在已经可以不用金属丝来测量海洋的深度，可以利用海底回声来进行海深的测量（回声测深法）。参看本书著者的《趣味物理学》第十章。

但是海洋最深的地方要比 8800 米更深。因此只好采用比较小的安全系数，这样就要十分小心地使用这种测深钢丝，以便能够达到最深的海底。

在用纸鸢带着自记仪表进行高空探测的时候，也有同样的困难。例如，当纸鸢升到 9 千米或更高的时候就是这样，这时候钢丝不但要经受自重的张力，还得承受风对钢丝和纸鸢的压力（纸鸢尺寸 2×2 米）。

7.4 什么东西比头发更强韧?

人的头发初看好像只能跟蜘蛛丝去比哪一个强韧。但是事实并不是这样：头发要比许多金属更强韧！真的，人的头发虽然只有 0.05 毫米粗细，却能够承受到 100 克的重量。让我们算算看，截面 1 平方毫米的头发能够承受多少重。直径 0.05 毫米的圆，面积是：

$$\frac{1}{4} \times 3.14 \times 0.05^2 \approx 0.002 平方毫米$$

就是 $\frac{1}{500}$ 平方毫米。这就是说，$\frac{1}{500}$ 平方毫米面积上可以承受 100 克重；那么 1 平方毫米面积上应该可以承受 50,000 克，就是 50 千克重。看一看图 56 的形象化的表可以知道，人的头发在强度上的地位应该排在铜和铁之间……

所以，头发比铅、锌、铝、铂、铜都更强韧，只不及铁、青铜和钢。

因此，假如相信《萨兰博》小说作者的话，古代迦太基人认为妇

图 58 根据我们前面所谈的，这张图不会使你太惊奇吧? 不难算出，200,000 根发辫能承受 20 吨的重量，也就是说，女子的发辫可以承受一辆满载的卡车。

女的发辫可以做投掷机的牵引绳的最好材料，就不是没有道理了。

7.5　自行车架为什么是管子做的？

假如管子的环形截面在面积上跟实心杆的截面相等，管子跟实心杆比较，在强度上有哪些特出的优点呢？对于这个问题，假如所谈的只是关于抗断和抗压强度的话，答案是一点特出优点都没有：拉断或压裂管子和杆所需要的力并没有什么不同。但是在抗弯强度上，它们的区别就很大了：要把一段杆弯曲，是比弯曲一段环形截面积跟杆截面积相等的管子容易得多的。

关于这一点，伽利略——强度科学的奠基人，早就说过很动听的话。下面我打算再引用伽利略著作里的一段，还望读者不要责备我对这位卓越的学者的过分偏爱。伽利略在他的《关于两个新的科学学科的谈话和数学论证》里说道：

"我想再谈几句关于空心或中空的固体的抗力方面的意见，人类的技艺（技术）和大自然都在尽情地利用这种空心的固体。这种物体可以不增加重量而大大增高它的强度，这一点不难在鸟的骨头上和在芦苇上看到，它们的重量很小，但是有极大的抗弯和抗断力。麦秆所支持的麦穗的重量，要超过整棵麦茎的重量，假如麦秆用同样分量的物质却生成实心的而不是空心的，它的抗弯和抗断力就要大大减低。实际上也曾经发现并且用实验证实了，空心的棒以及木头和金属的管子，要比同样长短同样重量的实心物体更加坚固，当然实心的比空心的要细一些。人类的技艺就把这个观察到的结果应用到制造各种东西上，把某些东西制成空心的，使它们又坚固又轻巧。"

如果我们进一步研究一下，当梁被弯曲的时候所产生的应力怎么样，便会懂得为什么空心的物体比实心的更加坚固。设有杆 AB（图59），两端支起来，中间受到重物 Q 的作用。在这个重物的作用下，杆就向下弯曲，这时候发生了什么变化呢？梁的上半部被压缩了，下半部相反地却被拉伸了，而中间有一层（所谓"中立层"）既没有受到压缩，也没有受到拉伸。在被拉伸的部分，产生了反抗拉伸的弹性力；在被压缩的部分，产生了反抗压缩的弹性。这两个力都想使梁恢复直的形状。这个抗弯力随着梁的弯曲程度而增大（假如不超出所谓"弹性极限"的话），直到和 Q 力所产生的拉伸力和压缩力相等为止，这时候弯曲就停止了。

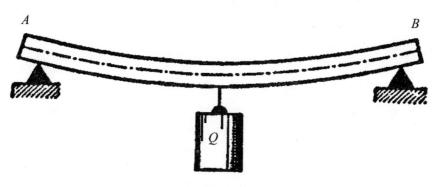

图59　梁的弯曲。

这里，你可以看到，对弯曲有最大反抗作用的是梁的最上一层和最下一层，中间各层离中立层越近，这个作用就越小。因此，梁的截面形状最好是使大部分材料都离中立层越远越好。举例来说，工字梁和槽梁（图60）上的材料就是这样分布的。虽然这样，梁壁也不应该过分单薄，它应该保证两个梁面相互间不变动位置，并且保证梁的稳定性。

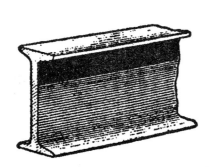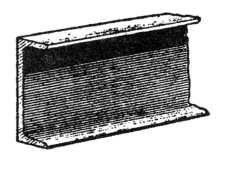

图 60 工字梁（左）和槽梁（右）。

在节省材料的意义上，比工字梁更完善的形式是桁架。桁架上（图61）根本就除去了接近中立层的全部材料，因此也就比较轻便。这里把杆 a、b……k 用弦杆 AB 和 CD 联结起来，代替了整块材料。读者从上面说的可以知道，在负载 $F1$ 和 $F2$ 的作用下，上弦杆要被压缩，下弦杆却要被拉伸。

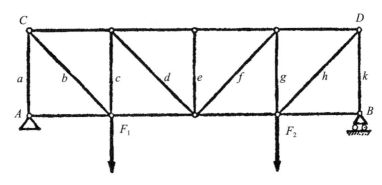

图 61 桁架就强度来说代替了实体的梁。

现在，读者对于管子比实心杆优越的道理，当然也就明白了。我这里只再加上一个数字来说明。设有两根同样长短的圆形梁，一根是实心的，另外一根是管子，管子的环形截面积跟实心梁的相同。两根梁的重量自然也都一样。但是在它们的抗弯力上却有很大的差别：计算告诉我们，管子

梁 [①] 在抗弯力上要比实心梁大 112%，就是大一倍以上。

7.6 七根树枝的寓言

> 伙伴们，一把笤帚，如果把它解开，你能把枝条一根根折断；要是系好呢，看你还折不折得断它。
>
> ——绥拉菲莫维奇：《在夜晚》

大家都知道那个七根树枝的古老寓言。父亲为了使儿子们和睦地一同生活下去，把七根树枝束成一束，叫他们折断这束树枝。儿子们一个个地试了一试，都失败了。这时候父亲把这束树枝拿了过来，把它拆散，就很容易地一枝枝地折断了。

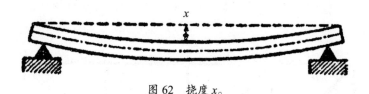

图 62 挠度 x。

这个寓言如果从力学的观点——从强度的观点——来做一番研究，也很有趣。

在力学里，杆的弯曲大小是用所谓"挠度" x（图 62）来度量的。梁的挠度越大，离开折断的时间就越近。挠度的大小用下式表示：

$$挠度\, x = \frac{1}{12} \times \frac{Pl^3}{\pi Er^4}$$

式子里 P 是作用在杆上的力；l 是杆的长度；$\pi=3.14\cdots\cdots$；E 是表示杆的材料的弹性性质的数值；r 是圆杆半径。

————————

① 指在管子的内径跟实心梁直径相等的情况下。

　　试把这个公式应用到树枝束上。树枝束里七根树枝的位置大约像图 63
所示的样子，图上表示了树枝束的一个端面。我们把这个树枝束看成一个
实心杆（这就要求把树枝束捆扎得十分紧），这虽然只是大概是这样，但是
我们也并不要求很精确的答案。这个树枝束的直径，从图上不难看出，等
于一根树枝的三倍。让图 63 七根树枝的树枝束。我们说明，弯曲（因此折
断也是一样）个别的树枝，要比弯曲（折断）整个树枝束容易得许多倍。
在这两种情况下，如果想得出一样的挠度，对于一根树枝要花的力量是 p，
对于整个树枝束要花的力量是 P，p 跟 P 之间的比例可以从下式得出：

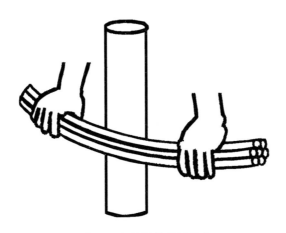

图 63　七根树枝的树枝束。

$$\frac{1}{12} \times \frac{pl^3}{\pi Er^4} = \frac{1}{12} \times \frac{Pl^3}{\pi E(3r)^4}$$

从而
$$p = \frac{P}{81}$$

可见得，虽然父亲要花七次的力量，但是每次所花力量却只等于每个儿子
所花的 $\frac{1}{81}$。

第八章　功·功率·能

8.1 许多人对功的单位还不知道的东西

"什么叫做公斤米[①]？"

"公斤米是把一千克物体提升到一米高度所做的功，"一般都是这样回答。

对于功的单位做出这样的定义，许多人都认为是详尽无遗的了，特别是如果再加上一句，说这个提升是指在地面上进行的话。可是，假如你也满足于这样的定义，那你最好是把下面的题目好好研究一下。

"一门大炮，炮膛长 1 米，笔直地向空中射出了 1 千克重的炮弹，炮膛里的火药气体一共只在 1 米的一段距离上起作用。由于在炮弹整个行程的其余部分，气体压力都等于零，这些气体自然是把 1 千克势能提升到 1 米的高度，也就是说，一共只做了 1 公斤米的功。难道大炮所做的功只有这么小吗？"

假如真是这样的话，那就可以用不着火药，用手也可以把炮弹抛到这个高度。显然，在这个计算里面一定有一个粗心的错误。

是什么样的错误呢？

错误在于我们在考虑所做的功的时候，只注意了这个功的比较小的一部分，而忽略了最主要的部分。我们没有考虑到，炮弹在炮膛里走到终点的时候有了速度，这个速度是炮弹在发射以前所没有的。这就是说，火药气体的功并不只表现在把炮弹提升 1 米上面，还表现在给炮弹一个极大的速度上面。刚才没有考虑到的这一部分功，如果知道炮弹的速度，就很容易求出。假定炮弹速度是 600 米 / 秒，就是 60，000 厘米 / 秒，那么，当炮

---

① 公斤米，旧制功的单位。1 公斤米 ≈9.8 焦耳。

弹质量是 1 千克势能（1000 克）的时候，炮弹的动能应该是：

$$\frac{mv_2}{2}=\frac{1000\times60,000^2}{2}=18\times10^{11}尔格=1.8\times10^5焦耳$$

这大概相当于 18，000 公斤米。

看，只是由于对公斤米所下的定义不正确，竟忽略了多么大的一部分功！

这个定义应该怎样补充，现在自然已经很清楚了：

公斤米是在地球表面上提升 1 千克原来静止的重物到 1 米高度的时候所做的功，这里有一个条件，就是，提升到末了重物的速度应该是零。

8.2 怎样产生一公斤米的功？

把 1 千克势能的砝码提升到 1 米，这好像并没有什么困难。可是，要用多大的力量来提这个砝码呢？用 1 千克势能的力是提不起来的。要用比 1 千克势能大的力：超过砝码重量的力就是用来使砝码运动的力。但是，不断作用的力会使被提升的重物产生加速度；因此我们的砝码在提升到末了的时候，会有一定的速度，这个速度不是零，——这就是说所做的功也不是 1 公斤米，而是比 1 公斤米多些。

要怎么做才能使 1 千克势能的砝码提升 1 米的时候，恰好做出 1 公斤米的功呢？可以这样来提这个砝码：在开始提的时候，要用一个比 1 千克势能大一些的力从下面推砝码向上。这样就会给砝码一个一定的、向上的速度，然后就要减少或者完全停止手的压力，让砝码的运动慢下来。手停止向砝码加压力的时刻要选得适当，使得砝码慢下来以后，恰好在它的速度变成零的时候完成它的 1 米的运动路程。这样做的话，就不是向砝码加一个大小不变的 1 千克势能的力，而是一个大小变换的力，这个力先是比

1 千克势能大，后来又比 1 千克势能小，我们就可以做出恰好是 1 公斤米的功。

8.3 怎样计算功？

我们刚才已经看到，要提升 1 千克势能重物到 1 米高恰好做出 1 公斤米的功是多么复杂的事。因此，最好根本不要去采用这个公斤米的定义，这个定义看来仿佛简单，实际上却叫人模糊。

下面一个定义就方便得多，而且不会产生什么误会：公斤米是 1 千克势能力在 1 米路程上所做的功，假如力的作用方向和路程方向一致的话。

后面的条件——方向一致——是完全必要的。假如忽略了这一个条件，功的计算就会产生极大的错误[①]。

要想比较发动机的工作能力，就要比较它们在相同时间里面所做的功。最方便的时间单位是秒。因此，力学里面引进了度量工作能力的一个名词，叫做功率。所谓发动机的功率是指发动机在 1 秒钟里面所做的功。在工程上，功率的单位有瓦特和马力两种，1 马力等于 735.499 瓦特。

让我们演算下面一个题目，当做例子。

一部重 850 千克势能的汽车，用每小时 72 千米的速度在水平的直路上

---

① 读者之中可能有人提出意见：即使在这种情况下，物体在路程的末了不是也仍然会有一定的速度应该考虑的吗？因此仿佛应该认为 1 千克的力在 1 米路程上所做的功也比 1 公斤米大。说这个物体在路程的末了有一定速度，是完全正确的。但是力所做的功正是要给物体一个一定的速度，使它保有一定的动能，这个动能就恰好是 1 公斤米。假如不这样的话，那就要破坏了能量守恒定律：所得到的能量比所耗费的能量小。至于把物体竖直提升，那又是另一回事了：在把 1 千克势能的重物提升到 1 米高的时候，势能增加到 1 公斤米，如果物体还取得一定的动能，那结果所得到的能就不止 1 公斤米了。

行进。求汽车的功率，设行进的时候受到的阻力是它重量的 20%。

首先，让我们求出使汽车行进的力。在匀速运动的时候，这个力完全跟阻力相等，就是：

$$850 \times 0.2 = 170 千克势能$$

现在来求汽车在 1 秒钟里面走的路程，这个速度等于

$$\frac{72 \times 1000}{3600} = 20 米/秒$$

因为产生运动的力的方向跟运动方向一致，所以把力乘每秒钟走的路程，就可以得到汽车在 1 秒钟里所做的功，也就是汽车的功率：

170 千克势能 × 20 米 / 秒 =3400 千克势能米 / 秒 ≈34，000 瓦特。换算成马力的话，大约合：

$$34000 \div 735 \approx 46 马力。$$

8.4 拖拉机的牵引力

【题】拖拉机"挂钩上"的功率是 10 马力。求在换到下面各挡（速度）的时候它的牵引力，设：

第一挡速度 ················ 2.45 千米 / 小时

第二挡速度 ················ 5.52 千米 / 小时

第三挡速度 ················ 11.32 千米 / 小时

【解】功率（用瓦特计算）就是 1 秒钟里的功，在这里也就是等于牵引力（用牛顿计算）和每秒所走的路程（用米计算）的相乘积，因此，对于"第一挡"速度可以列出方程式：

$$735 \times 10 = x \times \frac{2.45 \times 1000}{3600}$$

式子里 x 是拖拉机的牵引力。解方程式，得到 $x≈10,000$ 牛顿。

同样可以求出"第二挡"速度的时候拖拉机的牵引力是 5400 牛顿，"第三挡"速度的时候是 2200 牛顿。

跟一般人的"常识"相反，竟是运动的速度越小的时候牵引力越大。

8.5 活发动机和机械发动机

一个人能不能够产生一马力的功率呢？换句话说，他能不能够在 1 秒钟里面完成 735 焦耳的功？

一般认为，人在正常工作条件下的功率大约十分之一马力，就是大约 70~89 瓦特，这种看法是完全正确的。但是，在特别的条件下，人可以在短时间里面发出大很多的功率。譬如说，当我们匆匆地奔上楼梯的时候（图 64），所做的功就在 80 焦耳 / 秒以上。假如我们每秒钟使身体升高 6 个梯阶，那么，设体重是 70 千克，梯阶每阶高 17 厘米，我们所做的功就是：

$$70 \times 6 \times 0.17 \times 9.8 ≈ 700 焦耳$$

图 64 人这时候可以产生一马力的功率。

就是将近 1 马力，也就是说，大约等于一匹马的功率的 $1\frac{1}{2}$ 倍。当然这样紧张的工作我们只能维持几分钟，然后就得休息。假如把这些没有动作的时间也算在内，那么我们的功率平均不超过 0.1 马力。

多年前，在短距离（90 米）赛跑的时候，曾经有过这样情形：运动员发挥了 5520 焦耳 / 秒的功率，就是 7.4 马力。

马也能够把自己的功率提高到十倍或更多的倍数。举例来说，体重 500 千克的马，在 1 秒钟里做 1 米高的跳跃，做的功是 5000 焦耳（图 65），这大约相当于

$$5000 \div 735 = 6.8 马力$$

这里让我提醒大家，1 马力功率实际上相当于一匹马的平均功率的一倍半，因此在刚才这个例子里，功率已经提高到十倍了。

图 65 马在这时候产生 7 马力的功率。

　　活发动机能在短时间里面提高自己功率到许多倍，这是活发动机比机械发动机好的地方（图66）。在良好平坦的公路上，10马力的汽车无疑要比两匹马的马车更好。但是在沙地上这个汽车就要陷在沙里面，而两匹马呢，它们能在需要的时候产生15马力或者更大的功率，因此能够克服这一个阻碍。有一个物理学家曾经就这件事情说过："从某些观点来看，马确实是极有用处的机器，它的效能在汽车没有发明之前我们还不能很好体会，一般马车都只套两匹马，而汽车呢，为了不至于在每一个小丘面前停下来，却一定要相当于套上至少12到15匹马。"

图66　活发动机这时比机器好。

8.6　一百只兔子和一只象

　　可是在比较活发动机和机械发动机的时候，还要注意另外一个重要的事实。这就是：几匹马的力量并不是按照算术加法的规则总合起来的。两匹马一齐拉的时候，力量比一匹马的两倍要小，三匹马一齐拉的力量也比一匹马的三倍小，等等。所以产生这种现象，是因为套在一起的几匹马，用力并不协调，有时候还彼此妨碍。实践告诉我们，不同数目的马套在一起的时候，它们的功率是这样：

套在一起的马数	每匹马的功率	总功率
1	1	1

续表

套在一起的马数	每匹马的功率	总功率
2	0.92	1.9
3	0.85	2.6
4	0.77	3.1
5	0.7	3.5
6	0.62	3.7
7	0.55	3.8
8	0.47	3.8

从上表可以看出，5 匹马共同工作，所提供的牵引力并不是一匹马的 5 倍，而只是 $3\frac{1}{2}$ 倍，8 匹马所产生的力量只是一匹马的 3.8 倍，假如再增加马的匹数，成绩还要坏。

从这里可以知道，比方说，一部 10 马力的拖拉机，在实用上决不能够用 15 匹马来代替。

一般地说，不管多少匹马也不能代替一辆即使是马力相当小的拖拉机。

法国人有一句俗话："一百只兔子变不出一只象来。"我们呢，也可以用同样正确的话来说："一百匹马代替不了一部拖拉机。"

8.7 人类的机器奴隶

我们四周有不少的机械发动机，但是我们并不总能对我们的"机器奴隶"的威力有很好的了解。机械发动机比活发动机好的地方，首先是在比较小的体积里面集中了巨大的功率。古代所知道的最强大的"机器"就是强壮的马或是大象。那时候要想加大功率，只有增加牲口的数目。至于把许多马的工作能力结合在一部发动机里，这只是新时代的技术所解决的问题。

一百多年前，最强有力的机器是 20 马力的蒸汽机，重 2 吨。每匹马力要平均到 100 千克的机器重量。为了简便起见，让我们把一马力的功率和一匹马的功率等同起来。那么，就马来说，每马力要合 500 千克重量（马的平均重量），而就机械发动机来说，每马力大约合 100 千克重量。蒸汽机就像把 5 匹马的功率合并到一匹马的身上一样。

现代 2000 马力的机车重 100 吨，它的每马力重量就更小。而功率 4500 马力的电气机车重 120 吨，因此每马力只合到 27 千克的重量。

在这方面，有巨大进步的是航空发动机。一部 550 马力的航空发动机只重 500 千克：这里每马力只合到 1 千克不到的重量。图 67 形象化地说明了这些比值：马头上涂黑的部分表示，在各种机械发动机里，一匹马力平均到的重量多少。

表现得更清楚的是图 68：图上小马和大马表示，钢铁"肌肉"的多么微不足道的重量在和活牲口的巨大肌肉相抗衡。

图 67　马头上涂黑部分清楚地表明，在各种机械发动机里，一马力平均到的重量多少。

图 68 航空发动机和马在功率相同的情况下重量的比较。

最后，图 69 可以使我们明显地看到一部小型航空发动机的功率和马的功率的对比：162 马力的发动机的汽缸容量一共只有 2 升。

图 69 汽缸容量 2 升的航空发动机，功率是 162 马力。

在这场竞赛里，现代技术还没有做出最后的结语[①]。我们还没有把燃料里所含的全部能量都挖掘出来。现在我们来看看，在 1 大卡热量里面到底蕴藏着多少功，所谓 1 大卡就是用来使 1 升水升高温度 1℃ 的热量。1 大卡热量如果全部——就是 100%——变成机械能，可以提供 4186 焦耳的功，就是能够比方说把 427 千克的重物提升 1 米（图 70）。可是，现代的热力发动机只能把它的 10%~30% 用到有益工作上，就是这些发动机从锅炉里产生的每

---

① 在今天，这方面最好的应该推火箭发动机，它能在一段很短的时间里面产生几十万甚至几百万以上马力的功率。

1大卡热量里只能取用1000焦耳左 427 右的功，而不是理论上的4186千克焦耳。

在人类发明的各种产生机械能的能源当中，哪一种功率1米最大呢？是火器。

图 70　1 大卡热量变成机械功以后，能够把 427 千克的重物提升 1 米。

现代步枪重大约 4 千克（实际起作用的部分只有这个重量的一半），发射的时候可以产生 4000 焦耳的功。这看起来仿佛不大，但是我们不要忘记，枪弹只是当它在枪膛里滑动的极短时间里受到火药气体的作用，这段时间一共只有 $\frac{1}{800}$ 秒钟。发动机功率是用每秒钟所做的功来度量的，因此，如果计算火药气体在一秒钟里所做的功，所得出的步枪发射功率就是一个很大的数字：4000×800=3200，000 焦耳/秒，或 4300 马力。最后，把这个功率用步枪起作用部分的重量（2 千克）除，可知这里平均每马力只合到极小极小的重量——只合半克！请设想一匹半克重的小马：这匹像甲虫大小的小马，在功率上竟跟真正的马不相上下！

如果不是讲功率和重量的比值，而是讲绝对功率，那么一切记录都要给大炮打破。大炮能够把 900 千克重的炮弹用 500 米 / 秒的速度发射出去（而且这并不是技术的最后成就），在百分之一秒里可以产生大约 1 亿 1 千万焦耳的功。图 71 明显地表示了这个巨大的功：它相当于把 75 吨的重物（75 吨重的轮船）提升到齐阿普斯金字塔顶（150 米）所做的功。这个功是在 0.01 秒里产生的；因此，这个功率是 110 亿瓦特或 1500 万马力。

图 72 表示一门巨型海军炮的能量，也很能说明问题。

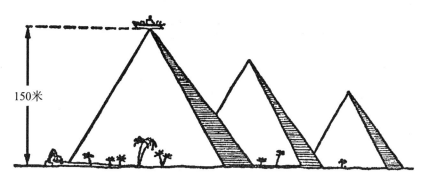

图 71　要塞炮炮弹所做的功，足够把 75 吨重物升高到最高金字塔的顶端。

图 72　相当于发射巨型海军炮弹的能量的热，可以把 36 吨冰块熔化。

8.8　不老实的称货法

旧社会里不老实的商人这样称量货物：他不是把最后用来取得平衡的一份货物放到秤盘上，而是从高一些的地方把它丢下去。这时候天平盛货物的一面就倾侧下去，欺骗了老实的顾客。

假如顾客能够等到天平停下来，那么他会发觉所称的货物还不够使天平平衡。

原因是，落下的物体加到着力点的压力，要超过物体本身的重量。这可以从下面的计算来看清楚。设有 10 克重量从 10 厘米高的地方落到秤盘上。这个重量落到秤盘的时候，应该有的能量等于重物重量和落下高度的相乘积：

$$0.01千克 \times 0.1米 = 0.001千克米 \approx 0.01焦耳$$

这个能量消耗在使秤盘下沉上面，假定下沉了 2 厘米。设用 F 表示这时候作用在秤盘上的力。从方程式

$$F \times 0.02 = 0.001$$

得到：　　　　　　　　　　　$F = 0.05千克 = 50克$

你看，这一份货物的重量虽然只有 10 克，落到秤盘的时候，除了本身重量以外，还产生 50 克的压力。顾客离开柜台的时候，以为货物称得一点不错，其实呢，却少称了 50 克。

8.9　亚里士多德的题目

在伽利略奠定了力学基础（1630 年）以前二千年，亚里士多德就写了他的《力学问题》。在这部著作的 36 个问题当中，有下面这样一个：

"假如把一柄斧头放到木头上，上面压上重物，那么，木头所受到的破坏作用非常有限；但是如果拿去重物，把斧头提起砍到木头上，木头就会被劈开，这是什么道理呢？而且，砍的时候落下来的重量比压在木头上的重量小得多。"

亚里士多德在那个时代的模糊的力学认识之下，对于这个题目不能够解答。读者当中可能也有对这个题目无能为力的。因此，让我们进一步研究一下这位希腊思想家的题目。

斧头在砍进木头的时候，有什么样的动能呢？首先是，人把它举起的时候所产生的能；其次，它在向下运动的时候所取得的能。设斧头重 2 千克，被举高到 2 米；在被举起的时候它所得到的能是 2×2=4 公斤米。斧头落下的运动是在两个力的作用之下发生的：一个是重力，一个是人的臂力。假如斧头只是在本身重量作用之下落下来，它在落到底的时候所有的动能，应该等于被举起时候所得到的能，就是 4 公斤米。但是人手加快了斧头的向下运动，使它有了更多的动能；假设人手在上下挥动时候的力量完全相同，那么在落下时候加上的一份能量应该等于举高时候的能量，也是 4 公斤米。因此，斧头砍木头的时候一共有 8 公斤米的能。

斧头砍到木头以后，还会一直砍进木头里去，砍进去多深呢？假定是 1 厘米。这就是说，在短短 0.01 米的一段路途里，斧头的速度变成了零，因此也就是说，斧头的动能全部消耗完了。知道了这一点，就不难算出斧头加在木头上的压力。设用 F 代表这个压力，那就有：

$$F \times 0.01 = 8$$

从而得到力 F=800 千克。

这是说，斧头是用 800 千克的力量砍进木头的。这个重量虽说看不见，可是它毕竟有这么大，这么大的重量把木头劈开，还有什么值得奇怪的呢？

亚里士多德的题目就是这样解答的。但是它给我们提出了新的题目：人的肌肉力量原不能直接把木头劈开；那么，它怎么会把自己没有的力量传到斧头上去呢？答案是，原来在一上一下 4 米路程里所得到的能，在 1 厘米的一段路程里完全消耗掉了。斧头即使不当做劈来利用，这个功率也抵得上一部"机器"（就像锻锤）。

上面的说明使我们了解了，为什么使用压力机代替汽锤的时候，一定要用力量极大的压力机；例如，150 吨的汽锤要用 5000 吨的压力机才能代替，20 吨的汽锤也要 600 吨的压力机才能代替，等等。

马刀的作用也可用同样的道理来说明。当然，力的作用集中到面积极小的刀刃上也有重大意义；每平方厘米上的压力变得极大（几百大气压）。但是挥动马刀的幅度也很重要：在砍击之前，马刀的一端挥动了大约一米半的一段路，而在敌人的身上一共只砍进了大约十厘米。在 1.5 米的路程里得到的能量，在 $\frac{1}{10}$ 到 $\frac{1}{15}$ 的路程里消耗掉。由于这个缘故，战士手臂的力量就好像增加到 10 到 15 倍。此外，砍的方法也很有关系：战士使用马刀的时候，并不只是砍击，而且在砍击的一瞬间还把马刀抽回来，因此马刀是在砍切而不是砍击。你不妨用砍击的方法把面包分成两半，你会发觉，这比把面包切开要困难得多了。

8.10 脆性物品的包装

包装脆性的物品一般都用稻草、刨花、纸条等材料来衬垫（图 73），这样做的目的是很明显的，就是为了预防震碎。可是，为什么稻草和刨花能够保护物品不会震碎呢？假如答案是因为它们在震动的时候会"减缓"碰撞，那么这个答案实际上只等于把问题重述了一次。还应该找出这个减缓碰撞的原因来。

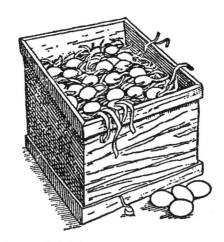

图 73　鸡蛋装箱的时候为什么要用刨花衬垫。

　　原因有两个。第一个原因是，衬垫的材料加大了脆性物品互相接触的面积：一件物品的尖锐的棱角，通过衬垫材料和另一件物品接触，已经不是点或线的接触，而是片或面的接触了。这时候，力的作用分布到比较大的面积上，因此压力也就相应地减小了。

　　第二个原因只在震动的时候才表现出来。装着杯盘的箱子如果受到震动，里面的每一件物品就要开始运动，这个运动又马上要停止下来，因为邻近的物品妨碍了它。这时候，运动的能量就要消耗在挤压相撞的物品上，结果时常把物品撞碎。由于这个能量一共只消耗在极短的路程上，因此挤压的力量就一定非常之大，这样这个力 F 和距离 S 的乘积（FS）才会等于所消耗的能量。

　　现在就可以明白柔软的衬垫的作用了：它使力的作用路程 S 加长，因此减弱了挤压的力 F。没有衬垫材料的话，这个路程极短，因为玻璃或鸡蛋壳只要压进几十分之一毫米就会破碎。衬垫在物品的互相接触部分之间的稻草、刨花或纸条，把力的作用路程加长了几十倍，于是也就把力减弱到几十分之一了。

这就是脆性物品之间的衬垫材料能起保护作用的第二个也是主要的原因。

8.11 是谁的能量?

图 74 和图 75 所示的两种猎野兽的机关，是非洲人布置的。一只大象，如果触动地面上张着的绳子，就会使一段沉重而且带着尖叉的木头落到它的背上。图 75 所示的机关更加巧妙；野兽触动绳子以后，就会放开满张的弓，使箭射到自己身上。

图 74 非洲森林里猎象用的机关。

图 75　猎兽用的弓箭机关（非洲）。

这里，用来杀伤野兽的能量的来源是很明显的——这其实就是布置这个机关的人的能量变了一个样子罢了。木头从高处落下的时候所做的功，正好就是人把它举到这个高度的时候所消耗的功。第二个机关里的弓也只是把猎人拉弓的时候所做的功还了回来。在这两种情况里，野兽只是释放了原来积贮着的势能。这些机关如果要再用，就得重新装好。

在大家知道的那篇关于熊和木头的故事里谈到的那种机关，情形却有些不同。熊看到树上有一个蜂房，就顺着树干爬了上去，半路碰到一段悬垂着的木头阻碍了去路（图 76）。它把木头推了一下，木头摆开了，但是马上又回到原来位置，轻轻地撞了熊一下；熊又把木头比较用力地推了一下，木头回来的时候，敲到熊的身上也比较重；熊越来越狂怒地向外推开木头——可是木头回来的时候也敲得越来越重了。被这一场斗争弄得筋疲力尽的熊终于跌了下来，跌到树底下的尖锐的木橛上。

这个巧妙的机关不需要人去重新布置。它把第一只熊打下以后，可以马上接着打第二只，第

图 76　熊在和悬垂的木头较量。

三只，一只只下去不需要人参加。那么，把熊从树上打下来的能，是从哪里来的呢？

原来这里所做的功，已经是由野兽本身的能来完成的了。是熊自己把自己从树上打下来，自己把自己戳死在尖木橛上的。当它推开悬垂的木头的时候，它把自己的肌肉的能变成了举起的木头的势能，这个势能然后又变成落下的木头的动能。同样，熊在爬树的时候，把自己的一部分肌肉的能变成了升高了的身体的势能，这个势能后来就变成使它的身体跌撞到尖木橛上的能。一句话，熊是自己撞击自己，自己把自己从树上摔下来，自己把自己戳死在尖木橛上的，爬上树的野兽越强壮凶猛，它跟木头打架所遭受到的伤害也就越严重。

8.12　自动机械

你可见过一种名叫测步仪的小巧仪器吗？它的大小、形状和怀表一样，可以放在口袋里面，用来自动地计算步行的步数。图 77 表示这种仪器的字盘和内部构造。这个机械的主要部分是重锤 B，它固定在杠杆 AB 的一端，这个杠杆可以绕轴 A 旋转。平常重锤停留在图上所示的位置上，一个软弹簧使它停留在这个仪器的上半部。走路的时候，每走一步，人体要略略升起一下，然后马上落下，测步仪也就跟着上下。但是重锤 B 在惯性的作用下，并不是马上随着测步仪升起的，它反抗了弹簧的弹性，留在仪表的下半部。测步仪往下落的时候，重锤 B 根据同样原因又要向上移动。因此，每走一步，杠杆 AB 要摆动两次，一次上一次下，杠杆的摆动可以通过小齿轮使字盘上的指针转动，记录步行的人的步数。

要是有人问你，使测步仪动作的能源是什么，你当然会毫无错误地说出是人的肌肉所做的功。可是假如有人认为测步仪不用步行的人多花一些能量，认为步行的人"反正是在走着的"，并没有要步行的人多花什么力量的话，那他就错了。步行的人无疑要多花一些力量，用来克服重力和拉住重锤 B 的弹簧的弹力，把测步仪提升到一定的高度。

图 77 测步仪和它的构造。

测步仪使人想到制造一种由人的日常动作带动的表。这种表已经制造出来了，可以戴在手腕上，人手不停的动作会把发条上紧，不需要带表的人费心。这种表只要戴在手腕上几个小时，就能把它的发条上紧到足够走一昼夜。这种表很是方便：它总是上好了发条的，发条经常上到一定的松紧，保证它走得准确；这种表的表壳子上没有开孔，可以避免灰尘和水分侵入到内部机件上去；而最主要的好处是，用不着定时地想着去上紧发条。这种表看起来仿佛只有钳工、裁缝、钢琴家、特别是打字员才配用，对于脑力劳动者是不适用的。但是，假如这样看法的话，那我们就把这种装配得极好的表的一个性能忽略了，这就是：要使这种表走动，只要有极微小的脉动就够了。事实上，只要有两三下动作，就可以使重锤轻轻带动发条，使表足够走三四小时。

可不可以认为这种表不需要它的主人消耗一些能，就能一直走下去呢？不可以的，它需要它的主人的肌肉的能量就和上紧普通表的发条的时候一样。带着这种手表的手臂，在动作的时候要比带普通手表的手臂多花一些能量，因为这里和测步仪一样，有一部分能量要用去克服弹簧的弹力。

据说美国一家商店的老板"想出了"一个方法，利用店门的开关上紧一个弹簧，来替他做一些有益的家务工作。这位"发明家"认为找到了免费的能源了，因为顾客"反正是要开门的"。实际上呢，顾客开门的时候，要多花一些力量来克服弹簧的弹力。所以可以这样说，这位老板是要他的每个顾客替他做一些家务工作。

严格地说，上面两种情况都不能叫做自动机械，只能说是不需要人照料就可以由人的肌肉的能量上紧弹簧的机械。

8.13　摩擦取火

照书本上说的，用摩擦的方法取火似乎是一件很容易的事。可是实际做起来就不这么简单。马克·吐温就曾经讲过一段故事，说到他自己想把书本上说的摩擦取火的方法应用到实际上去的经过：

我们每人各取了两条棒，开始互相摩擦。两小时以后，我们人都冻僵了，木棒也一样是冻得冷冰冰的（事情发生在冬天）。

另一位作家——杰克·伦敦也报道了同样的事情（在《老练的水手》里）：

我读过许多遇难脱险的人事后写的回忆：他们都尝试过这个方法，但是全都失败了。我想起那位在阿拉斯加和西伯利亚旅行的新闻记者来。有一次，我在朋友家里看到他，他在那里曾经讲到怎样想使用木棒互相摩擦的方法来取火；他很风趣地讲述了这次失败的试验。

儒勒·凡尔纳在《神秘岛》小说里也谈到完全一样的看法。下面是老练的水手潘克洛夫跟青年赫伯特的谈话:

"我们可以像原始人一样,把一块木块放在另一块上摩擦来取火呀。"

"好,孩子,你试试吧;这样做除掉两手磨出血之外,瞧你还能做出什么成绩来。"

"可是,这个简单的方法,在许多地方是用得很普遍的呀。"

"我不跟你争论,"水手回答说,"可是我以为,那些人对这个有他们特别的本事。我已经不止一次地试过这种取火的方法,但是都失败了。我肯定地认为还是用火柴更好。"

儒勒·凡尔纳继续说下去道:

虽然这样,潘克洛夫仍然去找了两块干燥木块,试用摩擦的办法取火。假如他和纳布所付出的能量全部都变成热量的话,这个热量足够把一只横渡大西洋的轮船的锅炉里面的水烧到沸腾。但是结果却很糟:两块木块只热了一点点——比试验的人本身的热还少。

干了一小时以后,潘克洛夫浑身大汗。他赌气把木块丢在地上。

"要我相信原始人可以用这个方法取火,我宁愿相信冬天里会出现大热天,"他说。"我看,搓两只手来燃着两个手心,恐怕还要容易一些。"

失败的原因在哪里呢?就在于没有按照应有的方法进行。大部分原始人不是用一块木棒的简单摩擦来取火的,而是使用削尖的木棒在木板上钻孔的方法。

这两种方法的不同,只要做进一步的研究,就可以明白。

设木棒 CD(图78)沿着木棒 AB 来去移动,每秒钟来去各一次,每次移动距离 25 厘米。设人手压向木棒的力是 2 千克(这个数字是随意取的,但是跟实际相近)。因为木头和木头之间的摩擦力大约是压向互相摩擦的木棒的力的 40%,所以实际作用力是 $2 \times 0.4 \times 98 \approx 8$ 牛顿,在 50 厘米的路程上所做的功是 8×0.5=4 焦耳。这个机械功若是全部都变成热，这个热量要传到木头的多大的体积上去呢？

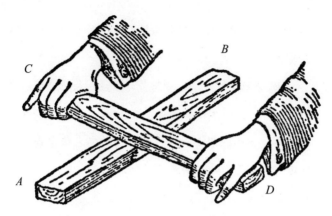

图 78　书本里介绍的摩擦取火的方法。

木头是不善于导热的；因此，摩擦所生的热，只会透到木头里很浅的一层。

假设木头的受热层只有 0.5 毫米厚[①]，木棒互相摩擦的面积是 50 厘米和接触面宽度的乘积，现在假设接触面的宽度是 1 厘米。

这样，摩擦所生的热量要使

$$50 \times 1 \times 0.05 = 2.5 立方厘米$$

体积的木头生热。这个体积的木头大约重 1.25 克。木头的热容假定是 0.6，这些木头应该被加热到

$$\frac{4}{1.25 \times 2.4} \approx 1 ℃$$

这就是说，假如不是因为冷却造成热量损失，那么摩擦的木棒每秒钟大约提高温度 1℃。但是，由于整个木棒都受到空气冷却，冷却的程度极大。

[①] 读者从下文可以看到，受热层如果假设得厚些，结果并没有很大变动。

因此，马克·吐温说的木棒在摩擦的时候不但没有加热，甚至冻得冷冰冰的，是完全近乎实情的。

如果我们改用钻木取火的方法，那就是另外一回事了（图 79）。设旋转的那根木棒端的直径是 1 厘米，这个木棒端有 1 厘米长钻在木板里。钻弓长 25 厘米，每秒来去拉动各一次，拉动钻弓的力假定是 2 千克。在这个情形下，每秒钟所做的功仍然是 $8 \times 0.5 = 4$ 焦耳，产生的热量也仍然是一样，但是这里木头受热的体积却比刚才小得多，一共只有 $3.14 \times 0.05 = 0.15$ 立方厘米，重量也只是 0.075 克。因此，棒端凹坑里的温度在理论上每秒钟应该提高

$$\frac{4}{0.075 \times 2.4} \approx 22℃$$

实际上，温度这样提高（或接近于这样提高）的确可以达到，因为钻的时候，木头的受热部分很不容易散失热量。木头的燃点大约是 250℃，因此，要使木棒燃烧，只要用这个方法继续钻

$$250℃ \div 22℃ = 11秒$$

就可以了。

图 79　实际上是这样摩擦取火的。

据人类学家说，原始人中间有经验的钻火的人只要几秒钟就可以取到火[①]，这证明我们的计算的正确。其实，大家都知道，大车的车轴如果润滑不好，时常就会烧坏：原因和上面所说的完全相同。

8.14 被溶解掉的弹簧的能

你把一片钢板弹簧弯曲。你所付出的功就变成被弯曲的弹簧的动能。如果你用这个弹簧去举起什么重物，或者转动车轮等，那么你就可以重新得到所付出的能；这时候能量的一部分做了有益的工作，另一部分用来克服有害的阻力（摩擦）。一个尔格也不会无影无踪地损失掉。

可是，你现在拿弯曲了的弹簧做另外一个试验：你把它放到硫酸里去。于是，钢片被溶解掉了。欠了我们能量债的债务人失踪了：无处可以找回弯曲这个弹簧所付出的能量了。能量守恒定律仿佛受到破坏了。

真的是这样吗？其实为什么我们一定要认为这个能量是无影无踪地损失掉了呢？它可以在弹簧被硫酸蚀断的时候弹开来，推动周围的硫酸，用动能的形式出现。它还可以变成热，使硫酸温度增高。当然，不能希望这个温度增加到多高。因为，假设被弯曲的弹簧的两端比它伸直的时候缩近了 10 厘米（0.1 米），又设这时候弹簧的应力是 2 千克（这就是说，弯曲弹簧的力的平均值大约是 1 千克）。所以，弹簧的势能等于 $1 \times 9.8 \times 0.01 = 1$ 焦耳。这样少的热量只能把全部溶液的温度增加很少一点，这个温度实际上已经是很难看出的了。

然而，被弯曲的弹簧的能，也还可能变成电能或是化学能，变成化学

[①] 除钻火的方法外，原始人还有许多别的摩擦取火的方法，例如用"火犁"和用"火锯"法等。在这两种方法里木头受热部分——木屑——受到冷却。

能的话，会使弹簧的销蚀加快（假如所产生的化学能促进钢的溶解作用的话），或是使弹簧的销蚀减慢（在相反情形下）。

至于实际上可能发生哪一种情况，那只有实验才能告诉我们。

这种实验已经有人做过了。

人们把一片钢片弯曲以后夹在两根玻璃棒中间，两棒相隔半厘米，放在一个玻璃缸的底上（图80左）。在另一个实验里面，人们把弹簧直接夹在容器两壁之间（图80右）。容器里面注入了硫酸。钢片不久就崩断了，两个半段一直在硫酸里浸到完全溶解掉。把实验所花的时间——从把弹簧放到硫酸里开始，到一直溶解完毕为止——仔细地记录了下来。然后，在别的条件完全相同的情况下，把同样钢片不加弯曲地又做了一次实验。结果是，没有张力的钢片溶解需要的时间比较短。

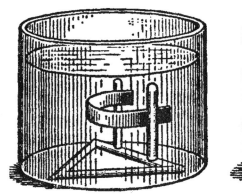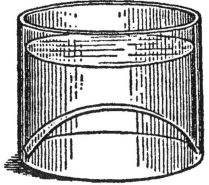

图 80 弯曲弹簧的溶解实验。

这说明受有张力的弹簧要比没有张力的弹簧更耐得住侵蚀。因此，无疑地，用来弯曲弹簧的能量，一部分变成了化学能，另一部分变成了弹簧弹开时候运动部分的机械能。这里并没有什么能量无影无踪地损失掉。

接着上面这个题目，可以提出这样一个问题：

"一束木柴被送到四层楼上，因此它的势能也随着增加了。那么，木柴燃烧的时候，这部分多出来的势能跑到哪里去了呢？"

这个谜不难解答，只要你想一想，木柴燃烧以后，它的物质变成燃烧的产物，这些产物在地面上一定高度的地方形成的时候所有的势能，要比在地面上产生的大。

第九章　摩擦和介质阻力

9.1 从雪山上滑下

【题】雪山的滑道，斜度是 30°，长 12 米。从这里滑下一架雪橇，滑下以后沿水平面继续前进。

问这架雪橇要在什么地方停下来？

【解】假如这架雪橇在雪面上滑是一点摩擦也没有的话，那它就会永远不停止。但是雪橇的运动也是有摩擦的，虽说这个摩擦不大：雪橇底下的铁条和雪的摩擦系数是 0.02。因此等到它从山上滑下来的时候所得到的动能全部消耗在克服摩擦的时候，它就要停止下来。

为了计算这个距离的长度，先来算一下雪橇从山上滑下来的时候所得到的动能。雪橇滑下的高度 AC（图81），等于 AB 的一半（因为 30° 角的对边长等于弦长的一半）。因此 $AC=6$ 米。假如雪橇重量是 P，那么雪橇滑到山脚时候所取得的动能，在没有摩擦的条件下，应该是 $6P$ 公斤米。现在把重量 P 分成两个分力，跟 AB 垂直的分力 Q 和平行的分力 R。摩擦等于力 Q 的 0.02，而 Q 等于 $P\cos30°$，就是 $0.87P$。因此，在克服摩擦上花了：

$$0.02 \times 0.87P \times 12 = 0.21P 公斤米$$

所以实际得到的动能是：

$$6P - 0.21P = 5.79P 公斤米$$

雪橇到了山脚以后，继续沿水平道路前进，用 x 表示这段路的长，那么摩擦的功是 $0.02Px$ 公斤米。从方程式

$$0.02Px = 5.79P$$

得到 $x=290$ 米，就是雪橇从这座雪山上滑下以后，可以在水平道路上大约滑进 300 米。

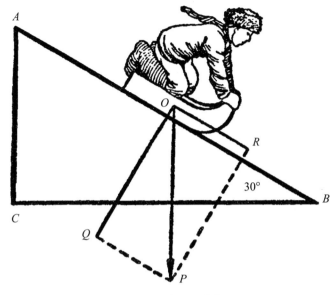

图 81　雪橇可以滑多远？

9.2　停下了发动机

【题】汽车在水平公路上用 72 千米／小时的速度疾驰，这时候司机把发动机停了下来。假如运动的阻力是 2%，问汽车能继续行驶多远？

【解】这个题目跟上面一个题相似，但是汽车的动能要根据另外一些数据来计算。汽车的动能等于 $\dfrac{mv^2}{2}$，式子里 m 是汽车的质量，v 是汽车的速度。这个能量消耗在一段路程 x 上，而汽车在路程 x 上运动的时候受到的阻力等于汽车重量 P 的 2%。因此得到方程式：

$$\frac{mv^2}{2}=0.02Px$$

因为汽车的重量 $P=mg$，这里 g 是重力加速度，因此上面这个方程式可以改写成

$$\frac{mv^2}{2}=0.02mgx$$

从而所求的距离

$$x=\frac{25v^2}{g}$$

在最后的结果里面，并不包含汽车的质量在内；因此，汽车在停下发动机以后所驶出的距离，跟汽车的质量没有关系。用 $v=20$ 米 / 秒，$g=9.8$ 米 / 秒^2 代入上式，可以算出所求的距离大约等于 1000 米；就是汽车在平坦道路上可以驶出整整一千米。我们所以得到这么大的数目，是因为计算的时候没有把空气的阻力计算在内，而空气的阻力是随着速度的增加很快增加的。

9.3 马车的轮子

许多马车的前轮一般都比后轮小些，即使前轮不担任转向作用，不放在车体底下的时候也是这样，这是什么缘故呢？

要想找出正确的答案，应当改变问题的提法。不要问为什么前轮比较小，而要问为什么后轮比较大。因为前轮比较小的好处是很明显的：前轮比较小，它的轴线就比较低，可以使车辕和挽索比较倾斜，这就可以使马容易把车子从道路的坑洼里拖出来。图 81 说明车辕 AO 倾斜的时候，马的拉力 OP 分解成了 OQ 和 OR 两个分力，就有一个向上作用的力（OR）帮助把车子从坑洼里拖出来。如果车辕是水平的（图 82 右），就不会产生向上作用的力；那时候要把车子从坑洼里拖出来就困难一些了。在保养良好的道路上，如果没有这种不平的路面，前轮轴就没有必要故意放低。汽车和自行车的前后轮就是一样大小的。

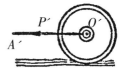

图 82　为什么前轮要做得小些?

现在来谈正题:为什么后轮不做得跟前轮一样大小? 原因在于大轮子比小轮子好,因为受到的摩擦比较小。滚动体的摩擦力跟半径成反比。这样后轮做得大些的好处就很清楚了。

9.4　机车和轮船的能量用在什么地方?

根据"常识"的看法,机车和轮船似乎是把自己的能量全用到本身的运动上去了。而事实上,机车的能量只在最初的四分之一分钟里用来使它本身和整列列车运动,其余的时间里(在平路上前进的时候)这个能量只是用来克服摩擦和空气阻力。我们可以说给电车供电的发电厂发出的电能几乎全部用在加热城市的空气上面——摩擦的功变成了热能。如果没有有害的阻力,火车在最初一二十秒钟跑起来之后,在惯性的作用下在平路上就会一直跑下去,不需要消耗能量。

我们前面已经说过,完成匀速运动是没有力参加的,因此也就不消耗能量。假如在匀速运动当中需要消耗能量,这个能量就只是用来克服对匀速运动的一切障碍。轮船上的强大机器也同样只为了用来克服水的阻力。水的阻力比陆上运输的阻力要大得多,此外,这个阻力会随着速度的增加而很快地加大(跟速度的二次方成正比)。这里顺便说一下,水上运输所以不能达到陆上那么高的速度①，原因就正在这里。一个划手可以不困难地使他的小艇用 6 千米 / 小时的速度行进；但是如果想增加 1 千米 / 小时，那就要使出全力才能做到。至于要想使一只轻便的竞赛艇用 20 千米 / 小时的速度行进，就得有八个异常熟练的船员全力划桨才成。

假如说水对于运动的阻力会随着速度的增加而很快加大的话，那么，水的携带力也同样是随着速度的增加而很快加大。下面就来比较详细地谈谈这个问题。

9.5　被水冲走的石块

河水冲刷着河岸，同时把冲下的碎块带到河床的别处去。水把石块顺着河底翻滚着，这种石块常常相当大——这个能力会使许多人感到惊奇。惊奇的是，水怎么能够把石块带走。当然，并不是所有的河流都能够做到这样。平原上流得很慢的河流就只能带走一些细小的沙粒。可是，只要水流的速度稍微增加，就可以大大提高水流带走石块的能力。如果河水的速度增加一倍，它就不但能够带走沙粒，还能够带走巨大的卵石。而山涧急流的速度又大一倍，就能把一千克或更重的圆石带走（图 83）。这个现象怎样解释呢？

我们这里遇到的是有关一个力学定律的有趣的现象，这个定律在流体力学里名叫"艾里定律"。它证明，水流速度增加到 n 倍，水流能够带走的物体的重量可以增加到 n^6 倍。

---

① 上面说的不包括一种名叫水翼艇的船只，这种船只在水面上滑行，几乎不浸在水里；因此受到的水的阻力很小，能够有比较大的速度。

图 83 山涧急流在滚动石块。

让我们来说明，为什么这里会有自然界里少见的这种六次方的比例。

为了说明方便，假设河底有一块边长是 a 的立方体石块（图84）。石块的侧面 S 上受到力 F——水流压力——的作用。这个力要把石块依 AB 做轴翻转过去。它同时受到力 P——石块在水里的重量——的相反的作用，这个力阻碍石块绕 AB 轴翻转。根据力学定律，要使石块保持平衡，两个力 F 和 P 对 AB 轴的"力矩"应该相等。所谓力对轴的力矩，是指这个力跟这个力和轴间的距离的相乘积。对力 F 来说，它的力矩是 Fb，对力 P 来说，它的力矩是 Pc（图84）。但是 $b=c=\dfrac{a}{2}$。因此，石块只能在

$$F \times \frac{a}{2} \leqslant P \times \frac{a}{2}$$

也就是 $\qquad\qquad F \leqslant P$

的时候才能保持静止不动。接下去我们应用公式 $Ft=mv$，式子里 t 表示力的作用时间，m 表示在 t 秒钟里对石块作用的水的质量，v 表示水流的速度。

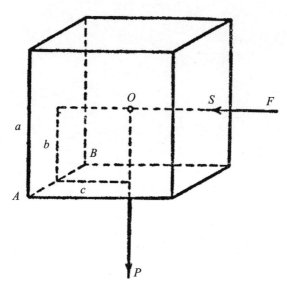

图 84　石块在水流里受到的作用力。

流体动力学证明，水流压向跟水流方向垂直的平板上的总压力，跟平板面积成正比，跟水流速度的平方成正比。因此，

$$F=ka^2v^2$$

石块在水里的重量 P 等于体积 a^3 和石块比重 d 的乘积，减去同体积水的重量（阿基米德原理）：

$$P=a^3d-a^3=a^3(d-1)$$

于是，$F \leqslant P$ 的这个平衡条件将可以改写成下式：

$$ka^2v^2 \leqslant a^3(d-1)$$

从而

$$a \geqslant \frac{Kv^2}{(d-1)}$$

　　能够抵抗速度是 v 的水流的方石块，它的边长 a 跟速度的二次方成比例。至于方石块的重量，我们知道，跟它的边长 a 的三次方 a^3 成比例。因此，水能带走的方石块的重量，就要跟水流速度的六次方成比例，因为 $(v^2)^3 = v^6$。

"艾里定律"就是这样的。我们把这个定律用立方体石块做例证出来了，但是也不难证明对于任何形状的物体都是适用的。我们的证明是近似的，目的只是用来说明问题。现代的流体动力学能够做出比较精确的论证。

　　为了更好地说明这个定律，我们假设有三条河；第二条河的水流速度是第一条的两倍，第三条又是第二条的两倍。换句话说，三条河的水流速度成 1∶2∶4 的比。根据艾里定律，这三条河水能够带走的石块，重量的比应该是 $1∶2^6∶4^6 = 1∶64∶4096$。因此，假如平静的河流只能够带走 $\frac{1}{4}$ 克重的沙粒，那么水流速度两倍的河流就能够冲走 16 克重的小石子，而水流速度再是两倍的山涧就已经能够把成千克重的大石块翻动了。

9.6　雨滴的速度

　　雨水淋在行进中的火车玻璃窗上形成的斜线，说明了一个有趣的现象。这里发生的是两个运动按照平行四边形规则的加合，因为雨滴在落下的同时，还参加到火车的运动里去。请注意这个合成的运动是直线运动（图85）。但是合成这个运动的一个运动（火车的运动）是匀速运动。力学告诉我们，在这种情况下，另一个运动就是雨滴的落下也应该是匀速运动。这个结论真是太出人意料了：落下的物体，竟然是匀速运动着！这简直是荒谬极了。但是，车窗玻璃上的斜线既然是直线，那就必然要得出这样的结

图 85　车窗上的雨水斜线。

论：假如雨滴是加速度地落下来的，玻璃上的雨水应该形成曲线（如果是匀加速地落下，应该形成抛物线）。

　　因此，雨滴并不是像落下的石块那样加速度地落下，而是匀速落下的。原因是空气阻力完全平衡了产生加速度的雨滴重量。要不是这样的话，假如不是空气阻止着雨滴的落下，那所产生的后果对于我们会是非常悲惨的：雨云时常聚集在 1000–2000 米高的地方；如果在毫无阻力的介质里面从 2000 米高度落下来，雨滴落到地面上的速度应该是：

$$v = \sqrt{2gh} = \sqrt{2 \times 9.8 \times 2000} \approx 200 米/秒$$

这是手枪子弹的速度。雨滴虽然不是铅弹而是水，它的动能只有铅弹的十分之一，但是我想这种扫射也总不会很舒适。

　　雨滴实际上是用什么速度落到地面上的呢？我们就来研究这个问题，但是首先我们先来说明一下，雨滴为什么是匀速运动的。

物体落下的时候受到的空气阻力，在整个落下过程当中并不相等。它随着落下速度的增加而增加。在最初的一瞬间，当落下的速度微不足道的时候[1]，空气阻力可以完全不考虑。接着，落下的速度增加了，阻碍这个速度增加的阻力也随着增加了[2]。这时候物体仍是加速度地落下的，但是加速度比自由落下来的小。随后，加速度继续减小，直到实际上变成了零：从这一刻起，物体运动就没有加速度，就是变成匀速运动了。又因为速度已经不再增加，阻力也就不再增加，匀速运动就不会受到破坏——既不会变成加速运动，也不会变成减速运动。

所以，在空气里落下的物体，应该从一定的时刻起进行匀速的运动。对于一滴水滴来说，这个时刻到来得很早。测量雨滴落下的末速度的结果告诉我们，这个速度极小，特别是细小的雨滴。0.03毫克的雨滴的末速度是1.7米/秒，20毫克的雨滴是7米/秒，最大的200毫克重的雨滴也不过达到8米/秒，还没有发现过比这更大的速度。

测量雨滴速度的方法非常巧妙。测量用的仪器（图86）有两个圆盘，紧紧地装在一根共同的竖直轴上。上面一个圆盘上开了狭窄的扇形的一道缝。把这仪器用雨伞遮着送到雨里，让它很快地转起来，然后把伞拿开。于是，通过上面圆盘狭缝的雨滴，就落到铺着吸墨纸的下面圆盘上。当雨滴在两个圆盘之间落下的时候，两个圆盘转出了一个角度，因此雨滴落到下面圆盘的地点已经不是在上面圆盘狭缝的正下方，而是稍稍落后一些。比方说雨滴落在下面圆盘上的位置落后了整个圆周长的 $\frac{1}{20}$，又设圆盘每分钟转20转；两个圆盘之间的距离是40厘米。根据这些数字，不难求出雨滴的落下速度：雨滴走过两个圆盘之间的距离（0.4米）所花的时间，恰是每分钟转20转的圆盘转出一周的 $\frac{1}{20}$ 的时间，这段时间等于：

---

[1] 例如，在最初的十分之一秒里，自由落下的物体只落下5厘米。

[2] 当速度是每秒几米到200米左右的时候，空气阻力的增长跟速度的平方成正比。

$$\frac{1}{20} \div \frac{20}{60} = 0.15秒$$

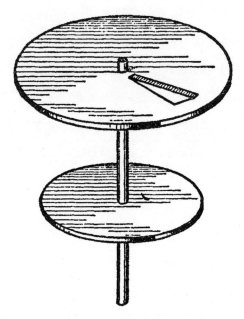

图86 测量雨滴速度的仪器。

雨滴在 0.15 秒钟里落下了 0.4 米；因此它落下的速度等于

$$0.4 \div 0.15 = 2.6米/秒$$

（枪弹射出的速度也可以用完全相类似的方法求出）。

至于雨滴的重量，可以根据雨滴落在吸墨纸上的湿迹的大小算出来。每 1 平方厘米吸墨纸能够吸收多少毫克的水，要事先测定。

现在让我们看一看雨滴落下的速度跟重量的关系：

雨滴重量	毫克	0.03	0.05	0.07	0.1	0.25	3	12.4	20
半径	毫米	0.2	0.23	0.26	0.29	0.39	0.9	1.4	1.7
落下速度	米/秒	1.7	2	2.3	2.6	3.3	5.6	6.9	7.1

雹子落下的速度比雨滴大。这当然并不是因为雹子比水滴的密度大（相反，水的密度要大些），而是因为雹子颗粒比较大。可是，就连雹子在接近地面的时候也是用不变的速度落下的。

甚至从飞机上投下的榴霰弹（小铅球，直径大约 1.5 厘米）在到达地面的时候也是匀速的，而且速度相当缓慢；因此它们几乎是无害的，甚至不能够击穿软毡帽。可是从同样高度投下的铁"箭"却是一件可怕的武器，它能贯穿人的身体。原因是在铁箭的每 1 平方厘米截面积上所平均到的质量，要比在圆铅弹上的大得多；正像炮手们说的箭的"截面负载"比子弹大，因此箭比较容易克服空气的阻力。

9.7　物体落下之谜

像物体落下这么常见的现象，也会是一个很好的例子，来说明日常看法跟科学看法上的巨大的分歧。不懂力学的人肯定地认为重的物体要比轻的物体落下得快些。这个从亚里士多德起源的看法，在很多世纪里曾经有过分歧的意见，一直到 17 世纪才被现代物理学的奠基人伽利略所驳斥。这位也曾经做过普及工作者的伟大的自然科学家，他的思想方法的确是精明极了："我们用不着做实验，只要用简单而叫人信服的推论，就可以明确指出，那种认为比较重的物体比用，同一种物质构成的比较轻的物体落下得快些的说法是错误的……假设我们有两个落下的物体，它们的自然速度不同，我们把运动得快些的跟运动得慢些的联结起来，那么显而易见，落下得快些的物体的运动一定要被阻滞，而另一个物体的运动却会略略加快。但是假如是这样的话，并且，大石头的运动速度比方说是 8'度'（假设的单位），而小石头是 4'度'，假如这也是正确的话，那么把两块石头联结到一起，应该得到比 8'度'小的速度；可是，两块石头联结在一起，合成的物体比原来有 8 '度'速度的石头还大；这就等于说比较重的物体的运动速度比那比较轻的物体小；而这恰好跟上面的假设相矛盾。你看，从比较重的物体运动得比那比较轻的物体快些这个说法，我可以得出一个结论，就是比较重的物体运动得慢些。"

我们现在都已经清楚地知道，一切物体在真空里落下的速度都是相同的，物体在空气里落下的时候速度所以不同，是因为有空气的阻力。可是，这里也产生了这样的疑问：空气对运动所起的阻力，只跟物体的尺寸和形状有关；因此，两个大小和形状相同的物体，如果只有重量不同，就应该用相同的速度落下：它们在真空里的速度相等，在空气阻力作用下减低的速度也应该相等。这就是说，同样直径的铁球和木球应该落下得一样快——但是这个推论显然是跟实际情况不符的。

怎样解决这个理论跟实践的冲突呢？

让我们想象一下请"风洞"（第一章，1.5 节）来帮我们忙，把它竖立起来，把同样尺寸的木球和铁球挂在风洞里，让它们受到从风洞下端来的空气流的作用。换句话说，我们把物体在空气里的落下"颠倒"了一下。哪一个球更快地被空气流吹走呢？显然，虽然作用在两个球上的力量相等，两个球得到的加速度却并不一样：轻球得到的加速度比较大（根据公式 $F=ma$）。把这应用到没有"颠倒"过的原来的现象，可以看到轻球在落下的时候应该落在重球后面，换句话说，铁球在空气里要比跟它同体积的木球落得快些。顺便提一下，上面说的也说明了为什么炮手这样重视炮弹的"截面负载"，这就是炮弹受到空气阻力的每 1 平方厘米面积上分配到的那一部分质量（见前一节）。

再举一个例。你可曾玩过从山顶上向下面投掷石块的游戏？这时候你不会不注意到，大石块一般都飞出得比小石块远些。它的解释很简单：大小石块在飞行的路上碰到差不多一样的阻碍，但是大石块因为有比较大的动能，比较容易克服那足够阻碍小石块的阻力。

截面负载的大小，在计算人造地球卫星的寿命长短的时候，是很值得注意的。人造卫星横截面上每一平方厘米上平均到的质量越大，卫星在环绕地球飞行轨道上就能维持得越久——如果其他条件相同的话，因为空气阻力对它的运动所起的作用比较小。

人造地球卫星进入轨道以后，如果跟运载火箭最后一级脱离，那么，大家知道，最后一级就将作为独立的人造卫星绕地球运行。值得注意的是，装有各种仪器的容器离开运载火箭以后围绕地球转的时间比运载火箭最后一级更久，尽管它们最初的轨道几乎彼此完全相同。这是因为空的一级火箭（它的燃料在把卫星送入轨道上的时候已经用完）的截面负载总要比装满各种科学仪器的人造卫星小。

人造卫星飞行的时候，它的截面负载不是固定不变的，这是因为，由于人造卫星毫无规则地乱翻"筋斗"，它跟运动方向垂直的横截面面积不断地在变动。只有球形的卫星，截面负载才一直不变。因此，观测这种卫星的运动，对于研究高空的大气密度特别有利。

9.8　顺流而下

物体在河面上顺流而下的情形，和物体在空气里落下的情形很相近，我相信，这对许多人说来会是很新奇而且出于意料之外的事情。一般都以为，没有帆也没有人划桨的小艇，会用水流的速度跟着水淌下去。但是这种想法错了：小艇要比水流运动得快些，而且小艇越重，运动得就越快。对于这个事实，有经验的木筏工人都很熟悉，但是许多学物理的人却还一点不知道。应当承认，就是我自己，也只是不久以前才知道了这一点。

让我们把这个奇怪的现象比较详细地研究一下。初看仿佛没法理解，顺流而下的小艇怎么会超过浮载它的水的速度。但是应该注意，河水载运小艇的情况跟运输带载运机器零件的情况并不一样。河水本身的面是倾斜的，物体在这个倾斜面上可以自动地加速向下滑去；水呢，由于跟河床的摩擦却做着一定的匀速运动。很显然，这就不可避免地会到来这样一个瞬间，用加速度向下漂流的小艇超过了水流的速度，这之后，河水对小艇的运动反而产生制动作用，像空气阻滞了在它里面落下的物体一样。结果是，——和在空气里的原因一样，——运动的物体要取得一个末速度，以后速度再也不会增加了。水里漂流的物体越轻，这个最大的不变的速度就到来得越早，这个速度的值也就越小；反转来，沉重的物体放到水流里，得到的末速度就比较大。

所以，比方说，从小艇上落下来的桨，一定要落在小艇的后面，因为桨比小艇轻得多。小艇和桨的运动都应该比水流快，而沉重的小艇应该更比桨快。事实上也的确是这样，这情况在急流里更加显著。

为了更清楚地说明上面说的各点，让我们引一位旅行家的有趣的一段话：

我参加了阿尔泰山区的旅行，有一次要乘木筏沿比雅河顺流而下——从河的发源地的捷列茨科耶湖到比斯克城，一共花了五天功夫。出发以前有人向木筏工人提出意见，认为木筏载的人数太多。

"不碍事，"老大爷说，"这样更好，跑得快些。"

"什么？难道说我们不是跟水流速度一样快慢吗？"我们感到奇怪了。

"不，咱们跑得要比水流快！木筏越重，它跑得就越快。"

我们都不相信。老大爷叫我们等木筏开行以后把一些木片丢到河里去。我们做了这个实验，——果然，木片很快就落到我们后面去了。

老大爷的真理在坐木筏旅行的这一段时间里得到了证明，而且是很有效的证明。

在一个地方我们陷入旋涡里了。我们打了许多转才能从旋涡里脱了出来。在刚开始打转的时候，木筏上的一柄木槌掉到水里去了，木槌很快就漂了开去（漂到旋涡以外的河面上去——著者注）。

"不要紧，"老大爷说，"咱们能追上它，咱们比它重呀。"

我们虽然在旋涡里纠缠了很久，老大爷的这个预言却果然实现了。

在另一个地方我们发现前面有一排木筏，比我们的轻（上面没有乘客），我们很快就追上并且追过了它。

9.9 舵怎样操纵船只？

大家都知道，一具小小的舵，竟能操纵巨大船只的运动。这是怎么一回事呢？

设有一只船（图 87）在发动机的作用之下，正沿箭头所示的方向运动。在研究船体跟水的相对运动的时候，可以把船看成固定不动的，水却向船只行进的相反方向流动。水用力 P 压向舵 A 上，这个力使船绕它的重心 C 转动。船跟水的相对速度越大，舵的作用就越灵。假如船跟水相对地说是静止不动的，那么舵就不可能使船转动。

下面谈谈伏尔加河上曾经用来操纵大平底船的巧妙方法，这种船没有动力带动，是自己顺流漂下的。这种船上的舵装在船头上（图 88），当要船转弯的时候，在船尾用一条长索系着重物丢到河底去，让它拖在船后面。有了这个重物，大船就可以操纵了。为什么呢？因为装着木材的平底船运动得比水慢；水跟船的相对运动方向和船的运动方向相同，因此水对舵作用的压力，跟船上装有发动机、船运动得比水快的情形相反，所以舵只能装在船头，不能装在船尾。这个聪明的设计是劳动人民想出来的。

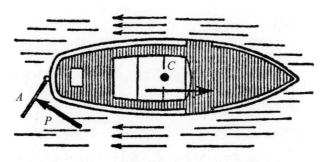

图 87　用发动机开动的船，舵装在船尾。

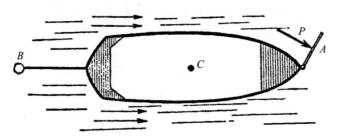

图 88　船的速度比水流速度小的情形，舵要装在船头上。

9.10　什么时候雨水淋得更湿一些?

【题】在这一章里，我们谈了许多关于雨滴落下的问题。因此让我在结束这一章的时候，向读者提出一个题目，这个题目虽然不是跟本章的主题直接有关，但是跟雨滴落下的力学却有密切的关系。

我们就用这个看来非常简单、但是相当有教育意义的实际题目来结束这一章。

当雨竖直落下来的时候，你的帽子在什么情况下湿得更厉害：是你站着不动的情况下呢，还是在雨里走同样时间的情况下？

这个题目如果换一个形式，就容易解答了：

雨竖直落下来。在什么情况下每秒钟里落到车顶上的雨水多——在车停着的时候呢，还是在它行驶的时候？

我把这个题目（用这一种或者那一种形式）提给了许多研究力学的人，结果得到各种不同的答案。为了爱惜帽子，有些人建议最好在雨里安静地站着，另外一些人却相反，建议要尽快地奔跑。

究竟哪一个答案对呢？

【解】我们研究问题的第二种提法——研究雨水淋在车顶上的情形。

车辆固定不动的时候，每秒钟里用雨滴形式落到车顶上的雨水，形状像一个直棱柱形，棱柱的底是车顶，棱柱的高是雨滴竖直落下的速度 V（图 89）。

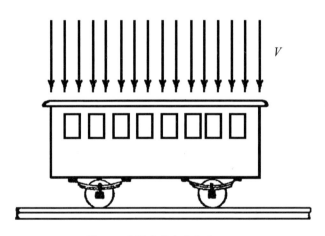

图 89　雨竖直落在车辆上。

比较难计算的是落在运动着的车辆顶上的雨水量。让我们这样来想：车辆用速度 C 在地面上运动，我们也可以把车辆看成固定不动，而地面在用速度 C 向相反的方向运动。这时候跟地面相对来说是竖直落下的雨滴，跟这个固定不动的车辆相对来说却是在进行两种运动：用速度 V 竖直落下和用速度 C 水平移动。这两种运动的合成速度 V_1 应该跟车顶成一个倾斜角；换句话说，车辆就仿佛在倾斜落下的雨里一样（图 90）。

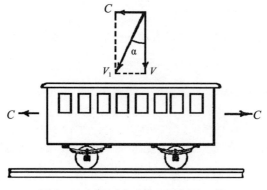

图 90　运动着的车辆的情形就跟这个一样。

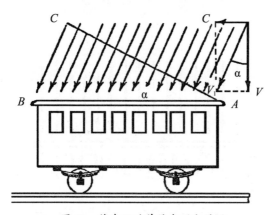

图 91　落在运动着的车顶上的雨。

现在已经很明显，就是每秒钟里落在运动着的车顶上的全部雨滴，完全包括在一个倾斜的棱柱体里，这个棱柱体的底仍然是车顶（图 91），各个侧棱却跟竖直线呈 α 角，侧棱长是 V_1。这个棱柱体的高等于

$$V_1\cos \alpha = V$$

这样，刚才谈的两个棱柱体，一个直棱柱体（雨滴竖直落下的情形）和一个斜棱柱体（雨滴倾斜落下的情形），有共同的底（车顶）和相等的高，因此也就是同样大小。在两种情况下，落下的雨水量竟是完全相等的！因此，不论你是在雨里笔直站上半小时，或是在雨里奔跑半小时，你的帽子被打湿的程度应该是完全一样的。

第十章 生命环境中的力学

10.1 格列佛和大人国

《格列佛游记》里面写的大人国，巨人的身长足有正常人的 12 倍，当你读到这里的时候，你一定会以为他们的力量至少也是常人的 12 倍。就像这部《游记》的著者斯尉夫特本人，也把他的"巨人"写成十分强壮有力。但是，这样的看法是错误的，它和力学的原理相冲突。下面不难证明这些巨人的体力不但不比常人强大到 12 倍，而且相反，应该比常人相对地弱这些倍。

设格列佛和巨人站在一起。两个人同时举右手向上。设格列佛的臂重是 p，巨人的臂重是 P。又设格列佛把手臂的重心举到高度 h，巨人举到高度 H。这就是说，格列佛做了 ph 的功，巨人做了 PH 的功。现在试求这两个值之间的关系。巨人手臂的重量跟格列佛手臂的重量的比，应该等于它们的体积的比，比值就是 12^3。又，H 是 h 的 12 倍。所以

$$P = 12^3 \times p$$

$$H = 12 \times h$$

从而　　　　　　　　　　$$PH = 12^4 \times ph$$

这就是说，要把手臂向上举起，巨人应该做的功等于常人的 12^4 倍。我们的巨人是不是有这样大的工作能力呢？让我们来比一下两个人的肌肉力量，而首先，先来读一下生理学教程里有关的文字：

"在平行纤维的肌肉里，举重所达到的高度跟纤维的长度有关，所举重量却跟纤维的数目有关，因为重量是分布在各条纤维上的。因此，两条同样质地同样长度的肌肉，截面积比较大的就能做出比较大的功，而两条截面积相等的肌肉，能做出比较大的功的是比较长的一条。假如比较的是两条不同长度和不同截面积的肌肉，那么它们当中体积比

较大的那条，就是有比较多的立方单位的那条，会做出比较大的功。"

把这段话应用到上面说的情况，可以得出结论，巨人做功的能力应该等于格列佛的 12^3 倍（两个人肌肉的体积的比）。

如果用 w 表示格列佛的工作能力，用 W 表示巨人的工作能力，可以得到：

$$W=12^3w$$

这就是说，巨人在举手的时候要做的功，应该是格列佛的 12^4 倍，但他的工作能力只有格列佛的 12^3 倍。显然，巨人做举手动作要比格列佛困难到 12 倍。换句话说，巨人要比格列佛相对地弱到 12 倍；因此，要战胜一个巨人所需要的军队就不是 1728（就是 12^3）个常人，而只是 144 人了。

假如斯尉夫特想使他的巨人能和常人同样自由地运动，他就得让他的巨人的肌肉体积等于按比例算出来的 12 倍。这样的话，巨人的肌肉应该是按比例算出来的粗细的 $\sqrt{12}$ 倍，就是大约 $3\frac{1}{2}$ 倍。因此他支持加粗了的肌肉的骨骼也应该相应地加强。斯尉夫特可曾想到，他想象当中创造出的巨人，在重量和笨重上应该已经和河马接近了？

10.2　河马为什么笨重不灵？

我想起河马来不是偶然的。它的沉重和庞大的身材不难从上节所说的得到解释。大自然里不可能有身材庞大而矫健的生物。试取河马（身长 4 米）和很小的旅鼠（长 15 厘米）做一个比较。它们身体的外形大约相似，但是我们已经知道，几何形状相似而尺寸不同的动物，不能有同样灵活的行动。

假如河马的肌肉跟旅鼠的几何相似，河马就要相对地比旅鼠弱，大约相当于旅鼠的

$$\frac{15}{400} \approx \frac{1}{27}$$

要想使河马能够有旅鼠那样的灵活性，它的肌肉的体积就应该等于按比例算出来的 27 倍，也就是说，它的肌肉的粗细应该加大到 $\sqrt{27}$ 就是 5 倍多一点。而支持这些肌肉的骨头，也就应该相应地加粗。现在可以知道，河马为什么这么笨重臃肿而且有这么粗大的骨骼。图 92 用相同的尺寸画出了这两种动物的骨骼和外形，生动地说明了我们上面所说的。下表证明在动物世界里有一个共同的定律，动物身材越是庞大，它的骨骼所占的重量百分率也越大。

图 92　河马的骨骼（右）和旅鼠的骨骼（左）的比较，图上河马的骨头长度缩小到旅鼠的尺寸。一眼就看得出河马骨头的不成比例的粗大。

哺乳类	骨骼重%	鸟类	骨骼重%
地鼠	8	戴菊鸟	7
家鼠	8.5	家鸡	12
家兔	9	鹅	13.5
猫	11.5		
狗（中等大小的）	14		
人	18		

10.3　陆生动物的构造

陆生动物构造上的许多特点，可以在这样一个简单的力学定律里找到它的自然的解释，这个定律就是：动物四肢的工作能力跟它们的长度的三次方成比例，而动物所需要来控制四肢的功，却跟它们的四次方成比例。因此，动物身材越大，它的四肢——脚、翼、触角——就越短。在陆生动物里面，只有极小的动物才有长长的四肢。大家都熟悉的盲蜘蛛就是这种长脚生物的一个例子。力学定律并不妨碍动物有跟这种盲蜘蛛相似的形状，只要它们的尺寸非常小。但是，到了一定的尺寸，例如到了狐狸这样的大小，就不可能再有相似的形状。因为脚会支持不住身体的重量，并且会失掉行动的性能。只有在海洋里，在动物的体重被水的排斥作用所平衡的情况下，才可能有这种形状的动物；例如，深水螃蟹就有半米大小的身体和3 米长的脚。

这个定律的作用也体现在各种动物的发育过程当中。长成了的动物个体的四肢，比例上总比初生时期短；身体的发育超过四肢的发育，这样就建立了肌肉跟运动所需要的功之间的应该有的关系。

这些有趣的问题，是伽利略最先研究的。他写的《关于两门新科学的对话》一书替力学奠定了基础，他在这部书里就谈到像极大尺寸的动物和植物、"巨人和海生动物的骨骼"、水生动物可能的大小等的题目。关于这些，我们在这一章末尾还要回过头来谈。

10.4　灭绝的巨兽的命运

就是这样，力学定律替动物的尺寸规定了一定的极限。如果要增加动物的绝对力量，让它的身躯长得很大，那或者就会减低它的活动性，或者就会造成它的肌肉和骨骼的不相称的巨大。这两种情况都使动物在找寻食物方面陷入不利的境地，因为随着身躯的加大，食物的需要量增加了，同时得到食物的可能性却减低了（因为活动性能减低了）。动物到了某种一定的大小，食物的需要量就要超过它获取食物的能力。这就不可避免地要造成灭亡。而我们也确实看到古代的许多巨大动物一个接着一个离开了生活舞台，只有少数留存到我们这个时代。最巨大的动物——例如巨大的恐龙（图93）——都是生存能力不高的。地球上远古时代的巨大动物所以会灭亡的原因当中，上面说的定律是最主要的一个。当然，鲸鱼不应该包括在里面，因为鲸鱼是生活在水里的，它的体重被水对它身上的压力所抵消了，因此上面说的一切对它都不适用。

图 93　把古代的巨兽移到现代都市的街道上。

这里可以提出一个问题：假如巨大的尺寸这样对动物的生存不利，为什么动物的进化不走逐渐缩小动物形状的方向？原因是，形状巨大的在绝对值上究竟要比微小的更强有力，虽然相对地说是巨大的比微小的弱。让我们回过头看《格列佛游记》，可以看出，虽然巨人举手要比格列佛困难到 12 倍，但是他举起的重量却是格列佛的 1728 倍；把这个重量用 12 除，这样就得到巨人肌肉能够胜任的重量，这个重量还是相当于格列佛能够胜任的 144 倍。可见在大小动物斗争当中，巨大动物要占很大的优势。但是，这个在跟敌人斗争当中占便宜的巨大身躯，却在另一方面（在获取食物方面）使动物陷入不幸的境地。

10.5　哪一个更能跳？

跳蚤能够跳到它身长一百倍以上的高度（达到 40 厘米），这使许多人感到惊奇，时常有人提出这种看法，认为人只有当他能够跳到 1.7 米 ×100 就是 170 米高的时候，才能和跳蚤媲美（图 94）。

力学的计算却恢复了人类的声誉。为了简便起见，假设跳蚤的身体跟人体几何相似。假如跳蚤重 p 千克，能跳 h 米高，那么它每跳一次就做了 ph 公斤米的功；人跳的时候所做的功却是 PH 公斤米，这里 P 表人体的重量，H 表所跳的高度（比较正确的说法应该是人体重心升起的高度）。因为人的身长大约相当于跳蚤的 300 倍，因此人体的重量可以看做是 300^3P，所以人跳所做的功应该是 300^3pH。相当于跳蚤的功的：

$$\frac{300^3pH}{ph}=300^3\frac{H}{h}\text{倍}。$$

在做功的能力方面，我们应当认为人相当于跳蚤的 300^3 倍。因此我们有权要求人只付出跳蚤的 300^3 倍的能。但是如果 $\dfrac{\text{人做的功}}{\text{跳蚤做的功}}=300^3$，那么就应该得出等式：

$$300^3 \times \frac{H}{h} = 300^3$$

从而
$$H = h$$

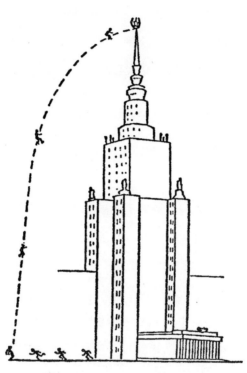

图 94   假如人跳得如跳蚤一样……

因此，在跳跃本领上，即使人只把自己身体重心升起到和跳蚤跳起的同样的高度，就是 40 厘米，人也可以和跳蚤相媲美。跳这么高我们不费力就能做到，因此，我们在跳跃本领上是一点也不比跳蚤差的。

如果你认为这个计算的说服力还不够，那就要请你注意，跳蚤在跳起40 厘米的时候，它所升起的只是它的微不足道的重量。人呢，却要升起 300^3 就是 27,000,000 倍的重量。就是说，要有 2700 万只跳蚤同时跳跃，所升起的重量才等于一个人的体重。应该拿来和一个人的跳跃相比的，正是只有这样的跳跃——由 2700 万只跳蚤大军共同进行的跳跃。那时候，较量的结果无疑地人要占到上风，因为人能跳得比 40 厘米高。

现在，为什么动物的尺寸越小，跳跃的相对值就越大，道理已经很清楚了。假如把有相同的跳跃机能（指后肢构造）的各种动物的跳跃，拿来跟它们身体大小比较，结果就像下面的数字：

蚱蜢跳的距离是身长的 30 倍，

跳鼠跳的距离是身长的 15 倍，

鼠跳的距离是身长的 5 倍。

10.6　哪一个更能飞？

如果我们想正确地比较各种动物的飞的本领，我们应该记住：翅膀扑击的作用是因为有空气的阻力才产生的；而空气阻力的大小，如果翅膀运动的速度相同，就跟翅膀面积的大小有关。这个面积在动物尺寸加大的时候是跟动物长度的二次方成比例地增加的，至于它所升起的重量（它的体重）却跟长度的三次方成比例地增加。因此翅膀上每 1 平方厘米上的负载随着飞行动物尺寸的加大而增加。大人国（《格列佛游记》里的）的巨鹰要在翅膀的每 1 平方厘米上承受等于普通鹰所承受的 12 倍的负载，如果它们和小人国里承受普通鹰的负载的 $\frac{1}{12}$ 的鹰相比，当然是很低能的飞行动物了。

让我们从想象当中的动物转回到真实的动物，下面是几种飞行动物翅膀上每 1 平方厘米所承受的负载数字（括弧里的数字是动物的体重）：

昆　虫　类

蜻蜓（0.9 克）…………………… 0.04 克

蚕蛾（2 克）…………………… 0.1 克

鸟 类

岸燕（20克）····················· 0.14克

鹰（260克）····················· 0.38克

鹫（5000克）···················· 0.63克

从上面的数字可以看出，飞行动物越大，翅膀上每1平方厘米所承受的负载也越大。所以很明显，鸟类身体的增大一定有一个限度，超过这个限度，鸟就不能再用翅膀把自己维持在空中。有一些极大的鸟失掉了飞行的能力，这并不是偶然的事。鸟类世界里的这种巨人（图95），像有一人高的食火鸡、鸵鸟（2.5米）或是更大的、已经灭绝的马达加斯加地方的隆鸟①（5米）就都不能飞；能飞的只是它们的身材比较小的远祖，后来由于练习不够，丧失了这个本领，同时得到了增加身材的可能。

图95 鸵鸟和已经灭绝的马达加斯加地方的隆鸟的骨骼。左边是用来做比较的一只鸡。

---

① 根据最近的研究，这种鸟在17世纪初叶还在地球上生存过。

10.7　没有损伤地落下

昆虫类可以毫无损伤地从高处落下来，这个高度是我们所不敢跳下去的。有些昆虫为了逃避追逐，常常从高高的树枝上跳下，落到地上的时候也一点没有损伤。这现象怎么解释呢？

原来，当一个体积不大的物体碰到障碍的时候，它的各部分几乎马上就停止了运动；因此不会发生一部分压到另一部分上的事情。

巨大物体落下的时候，情形就不同了：当它碰到障碍的时候，下面部分停止了运动，而上面部分却还继续运动，就对下面部分发生强烈的压力。这就是使巨大动物的机体受到损伤的那个"震动"。

如果有 1728 个小人国的小人从树上散落下来，受到的伤害不大；但是如果这些小人成堆落下，那么上面的人就要把下面的人压坏。而一个正常身材的人恰好等于 1728 个小人并在一起。此外，小动物落下所以没有损伤的第二个原因是，这些动物的各个部分的挠性比较大。杆子或板越薄，在力的作用下就越容易弯曲。昆虫在长度上跟巨大的哺乳类动物相比，只有哺乳类的几百分之一；因此——关于弹性的公式告诉我们——它们身体的各个部分在受到碰撞的时候也就可以弯曲到大几百倍的程度。而我们已经知道，假如碰撞是在长几百倍的路程上作用的话，它的破坏效果也就会用同样的倍数减弱。

10.8　树木为什么不长高到天顶？

德国有一句俗语说："大自然很关心，不让树木长高到天顶。"让我们来看一下，这个"关心"是怎样做到的。

设有能够牢牢地支持着本身重量的一株树干，并假设它的长度和直径的尺寸都增加到 100 倍。这时候树干的体积就增加到 100^3 倍，就是 1，000，000 倍，同时重量也增加到同样的倍数。树干的抗压力是跟截面积成正比的，只增加到 100^2 倍，就是 10，000 倍。因此每 1 平方厘米的树干截面上这时候要受到 100 倍的负载。显然，树干如果增加到这么高，只要它的几何形状始终跟原来相似，这株树就要被自己的重量所压坏[①]。高大的树木要想保持完整，它的粗细对高度的比就应该比低的树木大。但是加粗的结果树的重量当然也随着增加，也就是，又要增加树的下部所承受的负载。因此，大树应该有一个极限高度，超过了这个高度树就会给压坏。这就是树木"不长高到天顶"的道理。

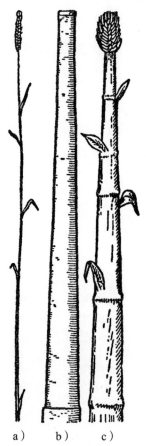

　　麦秆有不寻常的强度，这也很使我们感到惊奇，例如，拿黑麦来说，麦秆只有 3 毫米粗细，却高到 1.5 米。在建筑技术上最细最高的建筑物是烟囱，它的平均直径 5.5 米，高度达到 140 米。这个高度一共只是直径的 26 倍，但是在黑麦秆的情形，这个比值竟等于 500。当然，这里不应该得出结论，认为大自然的产物要比人类技术的产物完善得多。计算证明（算式很复杂，这里不列出了），假如大自然要按照黑麦秆的条件造出一个高 140 米的管子，它的直径也应该在 3 米左右：只有这样这个管子才跟黑麦秆有一样的强度，这跟人类技术所做到的并没有很大的差别（图 96）。

a)　　b)　　c)

图 96　*a*，黑麦秆；*b*，工厂烟囱；*c*，假想的 140 米高的麦秆。

————————————

[①] 除非树干的上端减细，就像所谓"等抗力杆"的形状。

植物在增加高度的时候，它的粗细就要不成比例地增加，这个事实不难从许多例子看出。黑麦秆的长度（1.5 米）等于它的粗细的 500 倍，而在竹竿的情形（高 30 米），这个比值是 130，在松树（高 40 米）是 42，在桉树（高 130 米）是 28。

10.9　摘录伽利略的著作

让我们从力学奠基人伽利略的著作《关于两门新科学的对话》里摘录一段，来结束本书的这一部分。

薩尔维阿蒂：我们可以很清楚地看到，不只是人类技艺不可能无限制地增加他的创造物的尺寸，就是大自然也没有这种可能。譬如，人们不可能建造极其巨大的船只、宫殿和庙宇，而使它们的桨、桅杆、梁、铁箍，总之所有各部分都能坚固地维系着。另外，大自然也不可能产生极其巨大的树木，因为它的桠枝在自己极大的重量作用下终于会断裂下来。同样，不可能设想会有过分巨大的人骨、马骨或别种动物的骨头，能保持并且适应它的功用的；动物要达到特别大的尺寸，它的骨骼就应该比一般骨骼坚强得很多，要不然骨骼的样子就应该改变，粗细上要有相当的增加，这样动物在构造上和形状上就会给人一个特别肥大的印象。这一点，观察力敏锐的诗人阿利渥斯妥在《狂暴的罗德兰》里就曾经指出过，他在描写巨人的时候说：

他的高大身材使他的肢体变得这么粗，

以致他的样子看上去就像是一个怪物。

让我给你看一张图画（图 97），当做我刚才所谈的例证，图上一根大骨头的长度只是一根小骨头的 3 倍，但是粗细却要加大这么多倍，这根骨头才能够像小骨头对于小动物那样稳妥可靠地给大动物使用。

你看，这块加大的骨头是多么粗大。从这里可以看出，谁要是想在巨人身上保留常人肢体的比例，那就得找另外一种更加方便更加坚强的物质来构成骨头，要不然就只有让巨大身体的坚强度比常人还小；把尺寸加到极大，结果会使整个身体被本身重量所压坏。反过来，我们可以看到，如果减少身体的尺寸，我们并没有把它的强度也按比例减弱；在比较小的物体里甚至可以看到强度的相对增高；譬如，我想一只小狗可以背起两只甚至三只同样的狗，可是一匹马却不一定能够背起哪怕是一批同样大小的马。

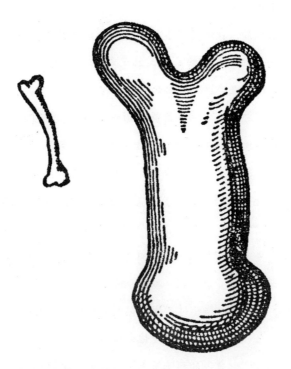

图 97　大骨头的长度是小骨头的三倍，大骨头要加到这么粗才能像小骨头对于小动物那样稳妥可靠地给大动物使用。

辛普利丘：我有足够的理由怀疑您方才所说的话的正确性。理由是，在鱼类里看到的巨大身躯，譬如说鲸鱼①吧，如果我没有记错，它的大小等于十只巨象，可是它的身躯却仍然很好地支持着。

萨尔维阿蒂：辛普利丘先生，您的意见使我想起刚才遗漏的一个条件，如果具备这个条件，巨人和别的巨大动物就能够生存，并且行动也不比小动物差。这就是，与其增加用来承受本身重量和身体上连带部分重量的骨头和别部分的粗细和强度，不如让骨头的构造和比例依旧不变，却大大减轻骨头的重量以及连在骨头上并被骨头支承着的身体各部分的物质重量。大自然在创造鱼类的时候，就走的这第二条路，它使鱼类的骨头和身体的各部分不但变得很轻，而且完全消失了重量。

辛普利丘：我明白您的意思，萨尔维阿蒂先生。您的意思是，鱼类是住在水里的，水由于本身的重量，剥夺了浸在它里面的物体的重量，因此构成鱼类的物质在水里失掉重量，可以不要骨头的帮助就支持下来。可是，这一点我还觉得不够，因为虽然可以假设鱼类的骨头不需要承受身体的重量，但是构成这些骨头的物质当然有重量，有谁能证明那一根根粗梁般大小的鲸鱼肋骨没有相当的重量，有谁能证明它不会沉到海底去呢？根据您的理论，像鲸鱼这么大的身躯就不应该存在。

萨尔维阿蒂：为了更好地反驳您的论据，让我先给您提一个问题：您可曾看见过在平静的死水里既不沉下、又不浮起、而且一动不动的鱼儿？

辛普利丘：这是大家都知道的现象。

---

① 在伽利略的时代，人们是把鲸鱼列入鱼类的。实际上鲸鱼是哺乳类用肺呼吸的动物；值得注意的是鲸鱼是水生动物。

萨尔维阿蒂：既然鱼类可以一动不动地停在水里，这就是一个不可反驳的证据，说明鱼类身躯的整体在比重上跟水相等；既然鱼的身体里有些部分是比水重的，那就一定会得出结论说，另外有一些部分比水轻，这样才能造成平衡。既然骨头是比水重的，那么鱼肉或别的某些器官就应该比水轻，正是这些部分比较轻才剥夺了骨头的重量。因此，水里面的情况是和刚才谈的陆生动物的情况完全相反的：陆生动物应该用骨头来承受骨头和肌肉的重量，而水生动物却不但用肌肉来承受肌肉的重量，而且还由它来承受骨头的重量。因此，极其巨大的动物在水里可以生存，在陆上（就是在空气里）不能生存，是一点也不值得奇怪的。

沙格列陀：我很喜欢辛普利丘先生的议论，喜欢他所提出的问题和这个问题的解答。我从这里得出结论，如果把这样一条大鱼拖到岸上，它就不可能支持多久，因为它的骨头之间的联系很快就要断裂，整个身躯也就要垮下来了。